KUWEI
酷威文化
图书 影视

幸福者退让原则

王辉 著

江苏凤凰文艺出版社

前言

  什么是幸福者退让原则呢？这是一个深刻且富有哲理的生活准则。罗翔老师对此有过一番精彩的阐述："在这个纷繁复杂的世界中，如果你拥有一个温馨和睦的家庭，当你外出时，若不幸遭遇他人的刺激、挑衅，甚至是无理的谩骂，请务必保持冷静与克制，不要轻易地被怒火牵引，与之纠缠不休。明智的做法是选择避开锋芒，以忍让之心应对。因为你深知，在家的某个角落，有深爱你的家人正期盼着你平安归来。这便是所谓的'幸福者退让原则'。"

  在生活中，我们难免会遇到各种各样的挑战和冲突，尤其是在与外界的互动中，挑衅、烦扰甚至攻击时有发生。在这样的背景下，懂得"幸福者退让原则"就显得尤为重要，它会指引我们在复杂的人际关系中找到内心的平静与安宁。

  幸福者退让原则并非一个简单的概念，而是一个关乎个人价值观与生活智慧的深刻命题。其核心在于对自我价值的坚定认知与珍视。

当一个人拥有了稳固的家庭、美好的生活、成功的事业等，他便会更加珍惜这份来之不易的幸福。因此，在面对外界的挑衅、烦扰甚至攻击时，他选择忍让，并非因为软弱或畏惧，而是源于内心深处对已有幸福的深刻认知与珍惜。

在生活中，每个人情绪与理智的博弈从未停歇。愤怒时，人的思维往往变得狭隘，容易失去理智，做出过激的行为。而过激的行为不仅无法解决问题，反而可能让事态进一步恶化。而那些成功人士之所以能在复杂的人际关系中游刃有余，往往是因为他们更懂得控制自己的情绪，坚守"幸福者退让原则"。他们明白，真正的强大不是在外界的争斗中占据上风，而是在内心的修炼中达到平和。

幸福者退让原则的智慧，不仅在于教导我们如何面对来自外界的挑衅，更在于让我们学会珍惜眼前的幸福。在拥有丰富的人际支持和情感连接时，我们无须为了回应陌生人的挑衅而牺牲自己的平和与幸福。相反，我们应该将精力集中在更珍贵的事物上，如家人、朋友和事业。这些才是我们生命中真正重要的东西，是我们值得为之奋斗和珍惜的。

忍让并非放弃，而是一种更高层次的智慧。它要求我们从更高的视角看待生活，进行多维度的思考和长远规划。在面对挑衅时，我们选择退让，并非因为害怕冲突，而是因为我们明白，冲突只会消耗我们的精力，让我们远离真正的幸福。而当我们选择忍让时，我们实际上是在为自己争取更多的时间和空间，去关注那些真正重要的人和事。

这样的选择，无疑是一种明智之举。

当然，幸福者退让原则并非要求我们在任何情况下都选择忍让。在面对原则性问题或严重侵犯时，我们应该坚决捍卫自己的权益。但在大多数情况下，忍让是一种更为明智和有效的选择。它不仅能让我们避免不必要的冲突和伤害，还能让我们在平和的心态下更好地处理生活中的各种问题。本书从"什么是幸福者退让原则""如何应对外界冲突""如何重建内心秩序"等方面来阐述幸福者退让原则的重要性。

幸福者退让原则是一种生活的智慧，它让我们学会在复杂的人际关系中找到内心的平静与安宁。当我们真正理解并践行这一原则时，我们便会发现，生活中的许多困扰和烦恼其实都源于我们内心的执念和执着。只有当我们放下这些执念，学会珍惜眼前的幸福时，我们才能真正感受到生活的美好与幸福。

目 录

第一章
"幸福者退让原则"的底层逻辑

退让并不等同于软弱	003
与其针锋相对，不如以柔克刚	006
退一步海阔天空	009
懂得让步，更容易拥抱幸福	013
展现温柔，将被温柔以待	016
退让原则能让你快速成长	020
亲密关系幸福公式	024
退让原则与博弈论	027

第二章

幸福不是争来的，而是用心感受的

重建内心的秩序	033
在生活中，知道自己要什么	037
清除心中的杂念，做出更好的选择	040
放下苛求，放过自己	043
断舍离才是人生的破局	047
做人不可锋芒太露	050
懂得遗忘的人最幸福	053
放下芥蒂，化解冲突	057
看淡生活中的不顺和不快	060

第三章

一个人最好的修养，是情绪稳定

掌控自我，驾驭情绪	065
内心平和地处理冲突	069
遇事三分包容，切忌冲动	073
强大的人往往主动示弱	077
家是讲感情的地方	080
收起愤怒，不要咄咄逼人	086
以和为贵，得饶人处且饶人	090
矛盾面前，各退一步	094
别让自己成为"高压锅"	098

第四章

洞悉他人心理，打开上帝之眼

洞悉内心：找麻烦的人在想什么　　105

保持冷静：不要试图激怒别人　　109

以退为进：轻松化解职场危机　　113

有效沟通：放低姿态并从中获益　　117

给人尊严：让难题迎刃而解　　121

面对刁难：此时无声胜有声　　124

拒绝内耗：退一步，成功自来　　128

学会忍让：有理不在声高　　132

以德报怨：退让一条路，伤人一堵墙　　136

第五章

远离社交雷区，提高感知他人情绪的能力

陌生人的心理暗流　　　　　　143

谦让可以带给你幸运　　　　　　147

读懂陌生人的愤怒点　　　　　　151

给对方留台阶，给自己留后路　　154

多检讨自己，少怪罪别人　　　　159

避免发生正面冲突　　　　　　　163

心平气和，不做无谓的争论　　　166

少一个敌人就等于多一个朋友　　169

第六章

打开格局：退让，是为了更好地相遇

不断提升自己的人生境界	175
与人为善，宽以待人	179
学会接纳，不要过分纠结生活琐事	185
宽恕别人，也是在成全自己	189
有理让三分，得理要饶人	193
适者生存，不是强者生存	197
退让，彰显一个人的卓越品格	201
退让原则的非凡力量	204
生活是一门退让的艺术	207

第一章

"幸福者退让原则"的底层逻辑

退让并不等同于软弱

2024年8月,一起青岛市崂山区"路虎女司机逆行打人"事件在网络上迅速传播,引起了广泛关注。事件的主人公是38岁的女司机王女士和26岁的退伍军人林先生。

林先生驾驶着自己的车辆,在崂山风景区青山村观景台附近遭遇了王女士的逆行车辆。王女士当天因车辆较多通行缓慢,选择了逆向行驶超车。当王女士的车与林先生的车相遇时,她试图倒车并入顺向车道,但林先生的车辆持续向前跟进移动,导致王女士无法顺利并入车道,其间还与前方的一辆旅游大巴车发生了剐蹭。

事故发生后,王女士的情绪瞬间失控。她下车后,对林先生进行了激烈的辱骂,随后更是手持手机和包包等硬物,对林先生的面部和头部进行了多次击打。林先生是一名退伍军人,考虑到车内还有孩子,面对王女士的无理与蛮横,他选择了保持冷静与克制。

后来,林先生的伤势经法医鉴定为面部软组织挫伤、鼻出血及体表挫伤，损伤程度属轻微伤。

事件发生后，警方迅速介入调查。根据《中华人民共和国治安管理处罚法》的相关规定，公安机关对王女士殴打他人和侮辱他人的行为进行了严厉处罚。

此次事件不仅让王女士付出了应有的法律代价，也引发了公众对于交通规则和公民素质的思考。在法治社会，任何人都不能凌驾于法律之上。王女士的嚣张和无理行为，最终只能换来法律的严惩和社会的谴责。而林先生的冷静和理智，则赢得了公众的赞誉和尊重。

林先生在面对挑衅、冲突或不利情境时，考虑到车上的老婆、孩子，出于幸福、稳定状态的个人或群体，应选择退让而非直接对抗。这一原则的核心思想在于珍视和保护自己所拥有的幸福生活，避免因一时的冲动或愤怒而损害自己的幸福。

林先生的退让，并非懦弱或无能，而是一种智慧和成熟的表现。他深知，与王女士的纠缠只会让事情变得更加复杂和严重，甚至可能危及自己和家人的安全。因此，他选择了保持冷静和理智，用平和的方式解决问题。这一选择，不仅保护了他自己的幸福生活，也避免了事态的进一步升级。

相比之下，王女士的行为则完全违背了"幸福者退让原则"。她无视交通规则，逆行超车，给正常行驶的车辆和行人带来了极大的安全隐患。面对自己的过错，她非但没有及时改正，反而情绪失控，对林先生进行了激烈的辱骂和殴打。这种行为，不仅是对他人尊严的践踏，更是对法律和社会公序良俗的公然挑战。

王女士的行为可能是一时的嚣张和狂妄，但最终只能换来法律的严惩和社会的谴责。她的行为，不仅损害了自己的形象和声誉，更给家人和社会带来了极大的负面影响。

这起事件，再次提醒我们，在现实生活中，我们难免会遇到各种挑衅和冲突。面对这些情况，我们应该保持冷静和理智，用平和的方式解决问题。不要因为一时的冲动或愤怒而损害自己的幸福和家人的安全。

同时，这起事件也引发了公众对于交通规则和公民素质的思考。作为驾驶者，我们应该严格遵守交通规则，文明驾驶，尊重他人。在遇到纠纷或冲突时，我们应该保持冷静与克制，通过合法途径解决问题。任何以暴力手段解决问题的行为都是不可取的，只会让事情变得更加复杂和严重。

我们应该珍视和保护自己所拥有的幸福生活，遵循"幸福者退让原则"，在面对挑衅和冲突时保持冷静和理智。同时，我们也应该提高自己的法律意识和道德水平，共同营造一个和谐、文明、有序的社会环境。

与其针锋相对，不如以柔克刚

每逢毕业季，一大批满怀憧憬的毕业生告别校园，踏上人生的新征程。他们中的每一位都怀揣着对未来的无限期许，希望能够找到一份理想的工作。肖阳，亦是这庞大队伍中的一员。然而，在竞争日益激烈的当下，要想找到一份既符合个人兴趣又具备发展前景的工作并不是那么容易。肖阳在经历了数月的奔波与努力后，面对的是一次次面试的落空与希望的破灭。

然而，转机往往出现在不经意间。一日，他在互联网的浩瀚信息中捕捉到了一线曙光——一家知名外企正公开招募文案人员，且明确要求应聘者需提交一封英文求职信至公司邮箱，静候佳音。他迅速行动起来，精心构思撰写了一封求职信，字里行间洋溢着他对这份工作的热忱与期待，随后满怀希望地将其发送了出去。

数日之后，一封来自该公司的回复邮件发来。邮件内容却如同一盆冷水，浇灭了他所有的期待与幻想，回信中说："你显然对我们公司的基本情况缺乏深入了解,在此前提下盲目投递简历,无疑是对我们时间的极大浪费。更令人遗憾的是,你的英文求职信中充斥着语法错误与表达不清的句子,这显然不符合我们对人才的基本要求。因此我们是不会聘用你的!"

面对如此尖锐且不留情面的批评,初时肖阳怒火中烧,几乎要冲动地撰写一封反击邮件,用同样甚至更为刻薄的语言回敬对方。但理智最终战胜了冲动,他深吸一口气,开始冷静地反思。他意识到,尽管对方的言辞过于犀利,但其中不乏中肯之处。作为一名初出茅庐、缺乏社会经验的大学生,他对该公司的了解确实有限;同时,作为在中国教育环境下成长的英语学习者,英文书信中的瑕疵确实难以避免。如此看来,对方的批评并非毫无根据,反而是一次难得的自我提升的机会。

于是,肖阳决定以一颗感恩的心,撰写一封感谢信作为回应。在信中,他诚挚地写道:"我衷心感谢您在百忙之中抽空回复我的求职信,这份耐心与责任感令我敬佩。对于我在未充分了解贵公司业务的情况下草率投递简历的行为,我深感抱歉。同时,我也为求职信中存在的诸多语法错误而羞愧难当,这些错误在我撰写时竟未能察觉。您的批评如同当头棒喝,让我清醒地认识到自身的不足。因此,我决心加倍努力,精进英文水平,力求在未来的工作中避免类似错误的发生。再次感谢您的指正,它将成为我成长道路上宝贵的财富。"

然而,令人意想不到的是,这封充满诚意与反思的感谢信,竟为他赢得了转机。不久后，他收到了那位招聘负责人的回信，不仅对肖阳的态度表示赞赏，还正式向他发出了文案人员的录用通知。

肖阳的经历深刻地诠释了"退让原则"的精髓——在面对他人的尖锐批评时，与其针锋相对，不如以柔克刚，以一颗宽容与感恩的心去接纳并反思。当我们能够冷静地审视批评，从中汲取有价值的信息，甚至对批评者表达感激之情时，往往能够收获意想不到的结果。这不仅是一种智慧，更是一种人生哲学，它教会我们在逆境中寻找成长的机会，用更加成熟与理性的态度去面对生活中的每一次挑战。

在现实生活中，这样的例子不胜枚举。许多成功人士都经历过类似的挫折与批评，但他们选择了以让步的态度去面对，将每一次失败转化为前进的动力。当我们能够以开放的心态去接受并感激那些看似刺耳却充满善意的批评时，我们就在无形中为自己铺设了一条通往成功与幸福的道路，让我们学会在批评中成长，在感恩中前行。

第一章 "幸福者退让原则"的底层逻辑

退一步海阔天空

人生这一路走来,心中难免泛起对那些易怒之人的记忆。学生时代,某些同窗时常眉头紧锁,问及缘由,原来是他(她)的同桌屡屡在考试中拔得头筹,而自己却相形逊色。步入社会,成家立业后,个别邻里又常无端发怒,时而踢打宠物,时而斥责子女,探究其因,原来是隔壁人家新添置了豪车……人类的行为真是奇妙,生活本已安然无恙,为何还要自寻烦恼,舍弃眼前的幸福?这种行为无疑是徒劳无益的。

诚然,生活中不乏令人愤怒之事,但根源往往在于我们自身的狭隘与相互比较。其实,人生旅途上,总有诸多要务等待我们去完成,而那些与己无关的琐碎之事,实在不值得我们去动气。保持一颗宽广的心,方能更好地享受美好的生活。

春节后复工的第一天,小邱步入办公室,满怀期待地准备与同事们互致问候,却不料迎接他的是同事们一张张涨红的脸庞,他们正热烈地争论着什么，气氛显得异常紧张。小邱心中充满疑惑，于是在一旁静听其详。

小张率先开口，语气中带着几分难以置信："春节期间，我返乡探亲，意外发现儿时的一位同窗，小学都没毕业，大字不识几个，如今竟成了村里的富豪，真是世事难料啊。"

大刘紧随其后，言语间透露出几分羡慕与不解："我回家时，也遇到了一个曾经比我贫困得多的发小，他家发生了翻天覆地的变化，他还开上了宝马，真是让人刮目相看。"

老李则叹了口气，感慨万分："这世界变化得太快了，我的一位老战友，如今已是某公司的 CEO，真是令人感慨万千。"

听到这些，小邱的心情也不由得沉重起来。春节期间，他也目睹了昔日好友如今职位、薪水皆高于自己的现状，心中难免涌起一丝悲凉，不由自主地加入了同事们的"愤懑"行列。

此时，大家纷纷抱怨命运的不公，社会的不平等，言辞间充满了对社会现状的不满。然而，这些言论恰好被路过的老板无意中听到。

老板稍作思考后，打开了话匣子，用平和而坚定的语气说道："大家的心情我完全可以理解。但在此之前，我先讲一个故事。从前，有一家地产公司的业务员，他的老板正是他的同学。老板曾对他说：'你别不服气，有本事你也来做。'几年后，这位业务员凭借自己的努力，赚得了一笔财富，随后自立门户，成了一名老板。又过了几年，他迅速兼并了原先他同学的公司。你们知道这位业务员是谁吗？"

小王和同事们面面相觑，纷纷摇头表示不知。

"是我，"老板语重心长地说道，"只要你们能够认清自己的优势与不足，扬长避短，忍辱负重，发愤图强，记住'生气不如争气'。只要你们是块金子，公司就会给予你们所需要的一切。"

老板的一席话，犹如当头棒喝，瞬间让在场的所有人都恍然大悟。是啊，何必去计较别人比自己过得好呢？别人的生活终究是他们自己的，而自己的生活才是自己需要关注的。与其一味地牢骚满腹、生气抱怨，不如知耻而后勇，逆水行舟、不屈不挠地迎难而上。等自己也成为成功一族时，还会去抱怨生气吗？

正如古希腊哲学家毕达哥拉斯所言："愤怒以愚蠢开始，以后悔告终。"总是生气发怒的人，除了会在这种不良情绪的影响下做出一些愚蠢的事情之外，最终也会为生气所导致的后果而后悔。因此，与其让愤怒的情绪左右自己，不如先让自己冷静一下，然后努力提升自己，迎接更加美好的未来。

临渊羡鱼，不如退而结网。仅仅停留在羡慕与渴望的阶段尚显不足，更不应采取极端行为。比如，挥舞利刃对着水中的鱼儿怒吼，这无疑是徒劳且荒谬的。

有一位名叫爱地巴的人，每当他因与人争执而心生怒气时，便会迅速返回家中，绕着自己的房屋与田产疾跑三圈，随后独自坐在田埂上喘息。爱地巴以勤劳著称，随着岁月的积累，他的家境日益殷实，但这一习惯却始终未变。这一行为引发了周围人的好奇与不解，为何爱地巴每次生气都要绕房屋与田产跑三圈呢？

尽管众人多次询问，爱地巴始终守口如瓶，直至年迈体衰，一次生气后仍坚持拄着拐杖艰难地绕房三圈，直至夕阳西下，他才向孙子透露了其中的奥秘。他深情地说道："年轻时，每当我与人争吵、争执、生气，便会绕着房子和土地跑三圈，边跑边思考，我的房子如此狭小，土地如此贫瘠，我哪有时间与资格去与人置气？一想到这些，怒气便烟消云散，于是我将所有精力都投入工作中了。"

孙子好奇地问道："阿公，您如今已年迈且富甲一方，为何还要坚持绕行呢？"爱地巴笑着回答："即便现在，我仍会生气，但生气时绕着房子走三圈，我会边走边想，我的房子如此宽敞，土地如此广阔，我又何必与人斤斤计较呢？想到这些，怒气便自然消散。"

追寻快乐的最佳途径便是让自己退一步，俗话说"退一步海阔天空"。我们每个人都渴望得到他人的重视、尊重与欢迎，但生活中又难免遭遇嘲弄、侮辱与排挤。生活赋予我们快乐的同时，也带来了伤痛。只要我们能够坦然面对一切，不因眼前的不幸而悲观失望、怨天尤人，只要铭记幸福者退让的道理，放下无谓的比较，那么，幸福的阳光终将洒满我们的心田。

懂得让步，更容易拥抱幸福

在人生的旅途中，我们不可避免地会遇到各种挑战和问题，它们如同沉甸甸的包袱压在我们心头，让我们感到疲惫不堪。然而，要想过上幸福的生活，我们必须学会幸福者退让原则，以轻松愉悦的心态去迎接每一天。当我们卸下内心的包袱，用一颗快乐的心去面对生活时，那些原本看似棘手的问题也会变得充满乐趣。

一对情侣相恋多年，他们才貌双全、教养良好，简直是天作之合。然而，过度的和谐掩盖了一个事实：他们的性格过于相似，均具有强烈的倔强特质。这种性格上的雷同最终导致了因一次微不足道的争执而引发的冷战。

随着情人节的到来，女方内心暗自期待，如果男方能够过来找自己，并连续按响门铃十次，无论他是否道歉，她都愿意原谅并重新接纳他。于是，她故意将门留了一条缝隙，静候心爱之人的到来。果不其然，她通过窗户目睹恋人手捧鲜花站在门前。但她万万没有想到的是，他在门前仅仅按了九次门铃便悄无声息地离去，当她鼓起勇气打开门时，只能望着他远去的身影。

多年后，他们在公园偶遇。在交谈中，他们谈及各自的婚姻生活。男方坦言，尽管多年来试图忘却往昔，却始终未能如愿，他的婚姻名存实亡，归咎于女方当年的固执未曾开门。女方则责怪男方缺乏坚持，没有经受住考验，不愿多按一下门铃以证明他的耐心和决心。说到这里，女方不禁泪流满面，因为她深知，如同男方一样，她心底深爱的人仍然是对方。

有时，仅因为一场误会或双方的固执，就可能酿成无法挽回的损失。因此，我们应当学会放下固执，懂得让步，避免在事态严重恶化后才后悔莫及。掌握让步之道，即便身处绝境，也能轻松摆脱困境，继续前行，与幸福并肩。

生活中，我们常常被各种琐事、烦恼和压力困扰，这些负面情绪如同沉重的包袱，让我们感到疲惫不堪。我们可能会因为工作的压力、家庭的矛盾、人际关系的纠葛而感到焦虑不安。这些包袱不仅让我们心情沉重，还可能影响我们的身体健康和生活质量。因此，懂得退让，对于追求幸福生活至关重要。

我们应懂得退让，以一种更加积极、乐观的方式去面对生活中的挑战。当我们以快乐的心态看待问题时，会发现事情并没有想象中那么糟糕。我们可以尝试从不同的角度去思考问题，寻找解决问题的方法，而不是一味地沉浸在负面情绪中。

懂得退让也意味着要学会释放自己的情感，与自己和解。当我们感到压抑、沮丧时，不妨找一个合适的方式来宣泄情绪，如与朋友倾诉、进行运动、听音乐等。这些方法可以帮助我们缓解压力，放松身心，从而更好地应对生活中的挑战。

此外，我们还要学会珍惜当下，享受生活中的每一刻。不要总是为过去的事情懊悔，也不要过分担忧未来。我们应该把注意力放在当下，用心去感受生活中的点滴美好。当我们学会珍惜当下时，会发现生活中其实有很多值得我们去感激和珍惜的事物。

总之，退让原则是追求幸福生活的关键。当我们以快乐的心态去面对生活时，会发现生活中那些等待我们去解决的事情也变得有趣起来。让我们一起努力，学会放下包袱，用一颗快乐的心去拥抱生活的美好。

展现温柔，将被温柔以待

  生活中，我们会不可避免地遇到各种各样的挑战和困难。然而，许多心灵上的伤害，其实是我们自己制造的。虽然外在的伤害存在，但如果我们并不主动迎接，不走向那些伤害，则是完全可以避免的。

  其实，当我们觉得周围人都不好时，真正的问题往往出在我们自己身上。我们要做的，不是抱怨世道的残忍，而应该反省自身，究竟在哪方面出了问题，弄得天怒人怨，所有人都与自己为敌。我们应该明白，我们所得到的一切都是自己所做的一切的回报。

  在心理探索中，心理学家们设计了两项实验以揭示人类心理机制的复杂性。第一项实验一位心理学家与主持人私下交谈，在交谈的过程中看向一位内向的女孩，然后问女孩："你觉得我们刚才在说什么呢？"女孩笑了笑："肯定是说我的长相问题和穿着问题……"

  心理学家接着询问女孩是否实际听到了他们的对话内容，女孩回答说"没听到"。进一步地，心理学家指出，尽管女孩没有听到任何具体内容,她却倾向于假设对话是关于她的不利评论。心理学家揭示了真相:他们的讨论实际上是关于晚餐的安排,并且主持人还赞扬了女孩的耳环。这一反转使女孩感到很尴尬。心理学家说:"其实,身边路过人时,我们都会不经意地望一眼。但我们却不一定会谈论这个被自己看见的人。人们在一起谈话,肯定是自己有事,或有交流需求,并不一定是为了嘲笑谁,你看,你的这些痛苦,你心灵受到的伤害,其实是你自己制造的。"

女孩听后,若有所思。随后,又满腹委屈地说:"可是,周围很多人说我长得那么丑,还穿得又那么非主流……"心理学家站了起来,对女孩说:"我要打你,你要是过来我就要打你。"然后问,"我打着你了吗?"女孩摇了摇头,说:"可是,如果你一定要打我,一定打得着。"心理学家让女孩走到他身边,这下,他的拳头果然可以打着她了。第二次,心理学家又不断做出要打她的姿势,但让女孩不要走过去,然后说:"我要打你,一定要打你。"随后又问:"我打着你了吗?"女孩摇了摇头,说道:"我明白了,第一次,你说要打我,没打着,是因为我没走过去;第二次,你打得着我,是因为我走向了要打我的人;第三次,虽然你说一定要打我,但是我不走近你,你就打不着我。"女孩似乎明白了什么。

心理学家又说:"有时候,别人确实会有伤害我们的心,既然我们知道谁要伤害我们,那么我们为什么不选择避让,反而要挑战这些伤害,从而让自己受到伤害呢?"

心理学家指出：他人的评价不应成为我们自我伤害的工具。即通过避免无谓的冲突和负面情绪，人们可以更好地保护自己的幸福和心理健康。

生活中，不少人像刺猬一样，他们四处攻击他人，却反过来指责他人针对自己。这些人四面树敌，却责怪他人与自己为敌。他们动辄以恶意揣度他人行为，反而埋怨别人对他们保持警惕……实际上，相当数量的人缺乏自我反省和控制自身行为的能力。

每个人每天都忙于自己的生活，真正有多少时间去关注他人呢？事实上，很少有人会花费大量时间去研究他人的生活、外貌或其他缺点，他们不能仅靠谈论别人的缺点来维持生活。请放心，他们的大部分时间在忙于那些你看不见的事务，偶尔与你相遇或交流，只要你与他们没有利益冲突，他们通常不会在意你，更不用说你的外表了。

我们每天在路上、在地铁里会遇到很多人，但我们真正记住了谁？一个人的面容只有在需要记忆时才显得重要，别人并不会像你想象的那样关注你。我们不应该因为自己的不自信而假设他人整天想要伤害自己，甚至因此产生粗暴的行为或敌对的情绪，成为一个到处挑衅、制造问题的"刺头"，这样只会让自己陷入孤立无援的境地。即使真的有那么一两个人喜欢搬弄是非，以用言语甚至行为伤害他人为乐，但是，那些不负责任的言论，真的值得我们关注吗？我们完全可以选择远离，可以选择不予理会。很多时候，世界之所以对我们显得粗暴，是因为我们不愿意展现温柔。如果我们能够拔掉自己的刺，以温柔和友好的态度与他人相处，我们就会发现，世界也会以温柔回报我们。

退让原则能让你快速成长

对绝大多数人来说，大家都需要工作，在工作中我们需要不断学习和提升自己的能力。尤其对于初入职场的毕业生而言更是如此，在正式步入职场前，便需做好充分的心理准备，迎接一系列挑战与机遇。初入一个新的工作环境，面对诸多未知与陌生，你需时刻保持谦逊与让步原则，积极向他人求教。在这一阶段，若你的态度不够诚恳，缺乏让步原则，很可能遭遇职场困境，甚至无法得到应有的尊重。一旦不慎犯错，更可能招致严厉批评。面对这些情境，若你自视甚高，情绪失控，必将难以忍受，进而破坏同事关系，给自己的工作增添更多障碍。

此时，你要学会让步，调整自我态度。既然你对工作尚不熟悉，就应虚心、耐心地向他人请教。若不慎犯错，应坦然承认，并立即采取措施予以纠正，以降低损失。即使偶尔遭遇不公，也无须过分计较，须知这或许是社会不良风气所致，而非个人恩怨。那些对你

第一章 "幸福者退让原则"的底层逻辑

态度冷淡的人，或许也曾是新来的，遭受过类似待遇。你只需确保自己将来不效仿此类行为，对新同事保持友好态度即可。

与此同时，迅速熟悉工作与环境同样重要。你不妨保持宽容与忍耐，待你对工作与环境有了深入了解后，便不易受到他人的欺负与愚弄。

你可以努力成为一个勤奋好学、乐于助人的员工。当其他同事将非你职责范围内的工作交给你时，你要尽力完成。首先，在办公时间内，你总是要做事的，只要是与工作相关，且不影响你完成本职工作，就应一视同仁，积极完成。其次，这些额外的工作为你提供了宝贵的学习机会，多掌握一项技能，多熟悉一项业务，对你个人成长大有裨益。同时，这也是与同事建立良好关系的重要途径。若某同事请你协助完成其工作，如制作表格或发送函件，你欣然接受并认真完成，则会给彼此留下良好印象。最后，需明确这些现象只是暂时的，因为你是新来的，可能尚未有固定职责。因此，同事可能会让你尝试各种工作，或请你帮忙。待你熟悉工作与环境，有了明确职责，且与同事建立了良好关系后，这些现象便会自然消失。因此，在初入职场时，你无须因多做工作而心生不悦，以免影响日后相处。

此外，对待同事应以礼相待。多数公司以金字塔形组织结构明确上下级职责与工作范围。然而，在我国，年龄也是一个重要因素。无论职务高低，年轻员工都应尊重年长员工，这体现了东方人敬老的传统美德。

在学历问题上,也需多加留意。公司内员工学历各异,有的大学毕业,有的专科毕业,还有的仅高中毕业。因此,可能出现年纪虽小但已成为他人上司的情况。面对这种情况,年轻上司在指导年长员工时,应言辞客气、婉转。他们通常拥有丰富的工作经验,你应以前辈之礼相待。

在一些大公司中,往往有元老级员工。元老资格来之不易,他们工作年限长,职务高,是公司的重要支柱。元老不仅拥有丰富的工作经验,还是一部活历史,对公司发展历程了如指掌。他们熟知公司兴衰成败的缘由,能为你揭示事业演变的因果关系,预测未来趋势。元老稳健、老成持重,他们的指示值得你诚挚接受。从元老那里获得的宝贵经验,是书本上学不到的,也是个人摸索难以企及的。

工作久了,难免与同事产生私人交往,形成感情纽带,也可能产生私人纠纷与嫌隙。此时,你可能陷入一种困境:对不喜欢的人在公事上不合作,甚至故意作对;对关系好的同事则在公事上给予"方便",即使他们犯错也不加纠正,甚至替他们隐瞒。

但你是否想过,这两种做法都会带来不良后果?不仅会耽误公务,损害公司利益,也等于破坏了全体员工的共同利益,包括你自己和朋友在内。因此,我们应秉持认真负责的态度,先公后私,将工作做好,这是做人的最高原则和最重要的操守。

对于私下产生矛盾的同事，无论多么不喜欢，都应保持谦让，绝不为难他们。相反，应关心、帮助他们，诚恳、和谐地解决困难，在非原则问题上适当退让，共同做好工作。你可以不借钱给他们，不与他们一起消遣，但在工作中，他们就是你的最佳伙伴。

同时，对于私交甚笃的朋友，也绝不可在公事上纵容他们做出对公司不利的事。若发现严重错误，必须指出并纠正。应利用私交向他们说明利害关系，进行劝告。不可因私情而姑息朋友犯错，否则会毁了他们的人格、前途和名誉，你也会失去这个朋友。

若你能在工作中做到绝对认真负责，对各种业务非常熟悉、老练；对同事诚恳谦让，同心协力；对自己私生活严肃、纯正、朴实、健康——若你能努力做到这几点，便算是在职场站稳了脚跟。

届时，你在公司和同事间将树立起令人信服的威信。大家都知道你负责、能干、对同事好，都信任你、尊重你。即使有人想诋毁你、造谣生事，损害你的名誉，也不会有人相信他，反而会支持你、同情你，孤立那些无事生非、别有用心的人。

久而久之，许多同事都会团结在你周围，有工作计划找你商量，有困难找你帮忙，有纠纷找你调解，有公共福利事务也会推选你负责。你在公司的地位将更加稳固，成为不可或缺的核心人物。

亲密关系幸福公式

美国著名经济学家保罗·萨缪尔森提出了一个著名的幸福公式：幸福＝效用／欲望。根据他的理论，幸福感是由两个关键因素决定的：效用和欲望。效用指的是个人所获得的主观享受或满足感，欲望则是指个人希望达到的目标。这个公式揭示了一个重要观点：当效用保持不变时，欲望越低，幸福感就越强。

无论是在爱情还是婚姻中，学会降低欲望，是非常重要的。只有当我们能够珍惜眼前所拥有的一切，才能真正体会到生活的美好。同时，我们也应该在适当的时候选择退让，而不是一味地追求完美。毕竟，完美是不存在的，幸福是可以通过调整自己的心态来实现的。

在婚姻关系中，退让原则是一门至关重要的学问。正如一句古话所说："没有最好，只有更好。"在寻找人生伴侣的过程中，如果一个人不懂得知足，那么他或她总会不断地追求更高的目标，认为总有更理想的对象在前方等待。这种心态往往导致人们在不断比较中错失了真正适合自己的人。所谓"不识庐山真面目，只缘身在此山中"，当人们终于意识到眼前的伴侣其实已经足够好时，可能为时已晚，因为机会可能已经错过，而那个人也成了他人的伴侣。相反，那些懂得知足的人，一旦选定了自己的伴侣，便会全心全意地投入爱情和家庭的经营中，最终发现原来自己一直过着的就是理想的幸福生活。

下面是一个关于退让原则在亲密关系中的真实的故事：

琳是一位美丽的女孩，她在大学期间遇到了初恋情人枫。然而，大学毕业后，由于各自的职业规划不同，两人不得不结束了这段持续了三年的感情。倔强的琳选择留在有父母陪伴的城市发展。

工作后不久，琳接受了一位同事的追求，希望通过一段新的感情来忘记过去的伤痛。她以为这样可以开启一段全新的生活，但这一次的爱情却与初恋有所不同。尽管她对同事说了无数次"我喜欢你"，但她始终无法说出"我爱你"三个字。在她心中，"我爱你"这三个字承载了太多的情感和责任，除了枫之外，她不想再对任何人说。

这位同事拥有良好的家庭背景，对琳也非常体贴。虽然琳不确定自己是否真的爱他，但她觉得这样的生活已经很满足了，因此不想继续寻找所谓的"真爱"。在双方家庭的撮合下，他们最终步入了婚姻的殿堂。婚后，丈夫知道琳心里还装着另一个人，但他并不介意，因为琳成为他的妻子他感到非常满足。他依然对她百依百顺，在照顾她的同时享受着属于自己的幸福生活。而琳也在丈夫的呵护下感受到了前所未有的幸福感。

结婚十年后的一个偶然机会，枫来到了琳所在的城市，并提出想见一面。到了约定的日子，琳精心打扮了一番，光彩照人，几乎与十年前无异。她期待着重逢时能看到那个依旧英俊潇洒的枫。然而，见面的结果却让她大失所望。经过多年商场打拼的枫早已失去了当年的书卷气，取而代之的是商人特有的圆滑世故。不仅如此，他的身材也发福了许多，挺着一个大啤酒肚。

这次见面让琳感到极度失望，她拒绝了枫提出的保持联系的要求。当她回到家中，看到丈夫正在厨房忙碌地准备晚餐，她的眼眶不禁湿润了。那一刻，她突然意识到，多年来自己对丈夫的感情早已从喜欢转变为深深的爱意。

事实上，在感情的世界里并不存在所谓的"最好的"人选。退一步讲，即便真的有这样的人存在，我们是否配得上对方呢？与自己和解，接受自己和爱人的平凡，才是人生最大的幸福。最近网络上流行这样一句话："他没有逼我长成曼玉、嘉欣，我就无权要他成为马云、建林。"这句话提醒我们要懂得知足，降低对另一半的高标准要求，在婚姻中保持一颗知足的心。我们可以对自己说：也许我遇到的不是最优秀的人，但我们可以接受彼此的不完美，然后用心经营属于自己的幸福，用自己的双手去创造理想中的生活。

退让原则与博弈论

在人际交往中,矛盾与冲突是伤害人与人之间和谐相处的元凶。这些冲突,由于双方采取的处理方式不同,而有三种不同的结果,即双方互不相让,矛盾激化;一方让步,避免矛盾激化;双方都让步,矛盾和解。

夫妻俩共同观看电视时,由于兴趣偏好不同——一方热衷于足球赛事,另一方则喜欢听音乐。这时可能会面临几种情况。第一种情况是,双方各坚持己见,你不让我看足球,我也不让你听音乐,双方互不相让而陷入僵局,最终选择关闭电视。第二种情形则是一方让步。你看足球,我到其他地方听音乐,或你听音乐,我到其他地方看足球。第三种情况是双方各退一步,两人一起先看足球然后再一同听音乐。

这些场景不仅在家庭生活中屡见不鲜,同样也广泛存在于职场协作与人际交往之中,体现了个体差异下寻求共识的重要性以及处理分歧时的多种策略选择。无论是采取直接对抗、各自为政还是达成共识的方式，关键在于如何平衡矛盾冲突。

有人把博弈论引入人际关系，认为"人们之间的相互矛盾和相互冲突的关系，实际上就是一种博弈关系。矛盾冲突的结果有三种情况，博弈也有三种类型：负和博弈、零和博弈和正和博弈"。下面我们根据这三种关系来解释并说明人际交往中的一些问题，也许对我们人际交际有一定启发。

以下是三种常见的博弈类型及其特点：

一、互不相让的"负和博弈"

在日常生活中，我们经常会遇到这样的情况：由于双方在交往过程中存在冲突和矛盾，无法达成一致意见，最终导致双方都不愿意让步，从而使交际活动无法顺利进行。这种结果不仅使双方的初衷未能实现，反而造成了双方的损失，形成了所谓的"两败俱伤"的局面。在博弈论中，这种情况被称为"负和博弈"。

以夫妻关系为例，如果双方在观看电视节目的选择上互不相让，最终可能导致电视关闭，双方都无法享受娱乐时光。这种情况下，你的心理需求没有得到满足，我的情感也受到了影响，双方的愿望都没有实现，剩下的只有生气和冷战，这对夫妻感情造成了不良影响。由此可见，负和博弈的结果是双方都没有得到任何实质性的收益，甚至可能损失更多。这种情况只会加剧双方的矛盾，使双方的关系更加紧张。如果是初次相交的朋友，因为一次负和博弈而受到伤害，可能会选择不再继续交往；即使是长期的朋友，频繁发生负和博弈也会导致关系逐渐疏远；对于夫妻来说，如果经常出现负和博弈现象，感情自然受到影响。

二、一方让步的"零和博弈"

零和博弈是指一方的收益等于另一方的损失，即总收益为零。例如，两个合伙人共同经营一家企业，其中一个合伙人试图独占所有利润，这将导致另一个合伙人的利益受损，虽然短期内看起来某个人获得了利益，但从长远来看，这种行为会破坏信任关系，最终可能导致合作的破裂。因为这个独吞他人利益的人，会让更多的人不愿意也不敢和他交往，他失去了做生意的那份诚信。

三、互惠互利的"正和博弈"

正和博弈是指博弈双方都能从中获得利益的情况。在这种博弈中，参与者通过合作来实现共同的目标，从而实现双赢或多赢的局面。

有这样一对夫妻，妻子半身瘫痪，勉强可以拄着拐走路，丈夫是个聋哑人，但他们生活得很幸福。例如，他们要去城里买东西，这个聋哑丈夫一定会骑着三轮车，让妻子坐上，到了要买东西的地方，妻子坐在三轮车上谈价钱购货物，他们从来没有发生过争吵。为什么呢？因为他们虽然都有残疾，但却能默契配合，所以他们生活得十分快乐，这倒不是因为他们有多大本领，而是因为他们能互相弥补缺陷：妻子走路不方便，丈夫却有强健的身体；丈夫不会说话，妻子却有很好的口才。由于他们能取长补短，因此，他们在一起仍生活得十分幸福。这种在交际中能互利互惠的情况，便是"正和博弈"。

无论是负和博弈、零和博弈还是正和博弈，退让原则都是化解冲突、促进合作的关键。它教会我们在面对矛盾时，不仅要有争取的勇气，更要有放下的智慧。退让不是软弱，而是一种深思熟虑后的选择，它让我们在复杂的人际关系中，找到一条通往和谐与共赢的道路。

第二章

幸福不是争来的，而是用心感受的

第二章 幸福不是争来的，而是用心感受的

重建内心的秩序

在人生的旅途中，我们会不可避免地遇到各种各样的挑战与波折。这些挑战可能源于外部环境的变化，如天气的阴晴不定；也可能源自内心的挣扎，如失败的挫折感；甚至有时，那些尚未发生、仅存在于想象中的事件，也能对我们的心情产生微妙的影响。面对这些不可避免的波折，一味地沉浸于愤怒与不满之中，不仅无法解决问题，反而可能加剧我们的困境。因此，学会自我调节，以一种更加开放和包容的心态去面对问题，将情绪向积极的方向引导，便显得尤为重要。

生活幸福者之所以能够在生活的风浪中保持从容不迫，是因为他们深知接受现实的重要性。当面临沮丧、愤怒或紧张等负面情绪时，他们并不会选择逃避或对抗，而是以一种平和的心态去接纳这些情绪。他们明白，这些困难或阻碍只是暂时的，终将随着时间的推移而消散。通过退让原则，他们能够优雅地从负面情绪中抽离出来，进入心灵的正面状态，从而更加从容地面对生活的挑战。

乔燕在商店购物时遭遇了不愉快的事情——找回的钱中有一张 50 元是假币。起初，她气愤不已，冲动地返回商店找商家理论，结果却引发了严重的争执，商家不承认假币是自己的，乔燕也拿不出证据证明假币是商家给出的，争执很久，问题并未得到解决。

然而，当乔燕回到家后，冷静下来反思自己的行为时，她意识到了自己的错误。她开始思考，如果当时能够保持冷静，和气地与店员沟通，或许事情会有截然不同的结果。这种反思不仅让她的情绪得到了缓解，也让她学会了从不同的角度看待问题。

这一经历告诉我们，面对冲突与挑战时，冷静与理智往往比冲动更能引导我们走向解决问题的道路。乔燕的初次反应，虽然源于对不公的本能抗拒，但最终促使她认识到，通过平和的沟通与理解，可以更有效地解决问题。

进一步而言，自己没必要为 50 元钱而生气，这体现在其自我调节与情绪管理的能力上。乔燕在事后的反思中，展现了一种成熟的自我认知——认识到自己的情绪反应并学会从中成长。

此外，从社会心理学的角度来看，在冲突情境中，能够主动退一步，往往能缓和紧张气氛，为双方创造对话与理解的空间。这种以和为贵的态度，不仅有助于即时问题的解决，更是构建自己内心新秩序的基石。

生活中的许多问题并非只有一种解决方式。当我们习惯于按照自己固有的价值取向和思维方式去思考问题时，往往会陷入思维定式的陷阱中。明智的人则懂得跳出这个框架，从更广阔的视角去审视问题。他们不会抱怨生活的不公，而是会思考自己对待生活的方式是否恰当。正如悲观者将挫折视为绊脚石，乐观者则将其视为垫脚石，不同的思考方式会导致截然不同的结果。

在面对阻碍时，我们同样需要学会换个角度思考。也许挫折正是在考验我们的心智成熟度，让我们逐渐学会控制情绪、掌控自我。就像在交通拥挤的十字路口，如果没有交警的管理疏导，整个交通就会陷入瘫痪。同样，在情绪混乱时，我们也需要扮演自己心灵世界的"交警"，为情绪指引方向，实现合理的转向。

当我们感到难过时，不要试图抗拒这种情绪。相反，我们应该放松身心，尝试以一种更加优雅和镇定的态度去面对它。只要我们学会与负面情绪和平共处，它们就会像落日一样消失在夜幕中。当然，情绪的转向并非一蹴而就的，它需要我们从根本上改变产生情绪的行为和态度。只有我们的行为和态度发生了积极的转变，作为其产物的情绪才会随之改变。

人往往过于关注那些使他们痛苦不堪的思想和情绪，导致长期处于低迷状态。幸福者则能够超越现有的事实限制，将目光投向如何解决和改善现状等更具建设性的目标上。因此，他们的情绪相对更加稳定、积极。

此外，有些人的自卑感也源于自我情绪的固定和僵化。然而，通过情绪的转化和积极的自我暗示，我们可以有效地克服这种自卑感。当我们陷入冲动的情绪时，应该勇敢地面对自己的内心世界，找出那些有害的咒语并加以摒弃。只有这样，我们才能找到并解决真实存在的问题。

为了应对不确定性的世界，我们可以遵循三个关键的步骤：首先找出让自己情绪冲动的原因并记录下来；其次客观分析每个消极思想的谬误并揭穿对事实的歪曲认识；最后用幸福者退让的原理，让自己变得更加平和，情绪更加稳定。

哲学家普罗斯特说过："真正的发现之旅并不一定在于寻求新的景观，还在于拥有新的眼光。"只要我们具备新的眼光，世界就会变得与众不同。因此，让我们学会以更加开放和包容的心态去面对生活中的挑战与波折。

第二章 幸福不是争来的,而是用心感受的

在生活中,知道自己要什么

在一次同学聚会中,几位大学时代的挚友应邀前往其中一位同学的家中共度欢乐时光。随着聚会的落幕,众人沉浸在欢声笑语与缭绕烟雾之中,直至不经意间,四盒香烟已化为灰烬。东道主的妻子自始至终陪伴在侧,尽管众人皆知她患有咽炎,对烟草气息尤为敏感,但她在当天却选择了陪伴。仅在众人疏忽之际,悄然开窗,引入一缕清新空气,此举令在场众人心生疑惑:既然她如此排斥烟味,为何不对同样沉浸其中的丈夫加以劝阻?

面对众人的不解,这位妻子以一抹淡然的微笑回应道:"我深知吸烟有害健康,但若此习惯能为他带来片刻欢愉,我又怎能忍心剥夺?我更愿他快乐地享受每一个十年聚会,而非在不悦与勉强中延续至八十高龄。毕竟,真正的快乐是无价之宝,非金钱所能衡量。"

时间流转至下一次同窗相聚,令人惊讶的是,该同学已成功戒烟。面对众人的好奇,他深情地解释道:"妻子的体谅与包容,让我深刻意识到，我不能让她在未来的二十年里因我的不良习惯而饱受煎熬。"

同学这一转变，非源自妻子的苛责或自身的顿悟，而是源于妻子那份深沉的爱与理解，促使他在无须争执与冲突的平和氛围中，毅然决然地跨越了戒烟这一难关，使原本可能引发家庭矛盾的焦点，在无声无息中悄然化解。

此番经历，不仅展现了夫妻间深厚的情感纽带，也揭示了一个深刻的道理：在家庭生活中，面对诸如戒烟之类的难题，严厉的管教或一味说教往往不如理解、包容与鼓励来得有效。正是这份基于爱的宽容与支持，让原本看似艰难的挑战变得易于克服，彰显了退让者在家庭和谐建设中的独特力量。

家庭生活中，无论是情侣、夫妻还是亲人，亲密关系的质量直接影响个体的幸福感和生活满意度。然而，任何关系中都存在一个普遍的现象：金无足赤，人无完人。每个人在亲密关系中都有自身的缺点和不足，这些缺点可能是习惯使然，也可能是性格所致。正因如此，理解和包容对方，并在必要时为彼此做出退让和改变，成为维系和谐生活的关键。

理解和包容并不意味着无条件地接受对方的一切行为，而是需要通过有效的沟通，深入了解对方的内心需求和情感诉求。例如，在夫妻关系中，如果一方习惯于晚睡晚起，另一方则喜欢早睡早起，这种作息时间的差异可能会引发矛盾。此时，双方需要通过沟通，

第二章 幸福不是争来的，而是用心感受的

理解对方的生活规律和背后的原因，找到一个折中的方案，如分床睡或者制定合理的作息时间表，以避免冲突。

理解和包容还需要我们在心理上做出调整。每个人都有自己的价值观和生活方式，在亲密关系中，不同的观念和方式难免会发生碰撞。如果我们能够以开放的心态去接纳和尊重对方的不同，就能够减少很多不必要的争执。

退让和改变是实现幸福生活的重要步骤。在亲密关系中，双方都需要有妥协的精神，才能达成共识。退让并不是失去自我，而是为了维护关系的一种智慧。例如，一方喜欢吃辣，另一方不喜欢，那么在做菜时可以选择一些适中的口味，或者分别做两个菜来满足各自的需求。通过这样的方式，双方都能感到被尊重和关爱。

我们可以通过一些小的行动来增进理解和包容：定期进行深度对话，分享彼此的感受和想法；在生活中多做一些体贴入微的事情，表达关爱和感激；在面对矛盾时，保持冷静和理智，避免情绪化的处理方式。

家庭关系中，双方为理解和包容对方的缺点而做出的退让和改变，是促进生活和谐美满的重要途径。我们需要做到明确自身的需求，了解对方的内心世界，通过有效沟通达成共识，并在必要时调整自己的行为和态度。唯有如此，才能共建幸福美好的生活。

清除心中的杂念,做出更好的选择

曹颖是一位正值青春年华的女孩,年仅 28 岁,便凭借其卓越的医学才能,荣升为某知名医院的主任医师。尽管她在职业生涯中取得了辉煌的成就,但却无法弥补她内心深处的创伤。

曹颖的右脸上有一道长长的疤痕,正是这道疤痕成为她至今未婚的根源。医生的职责在于救死扶伤,而作为这家医院医德高尚、医术精湛的她,在面对眼前躺在病床上的患者时,却陷入了犹豫。

是她,躺在病床上的这位患者竟然是她!那张熟悉的面孔让年轻的曹颖瞬间回忆起了童年的往事……在曹颖八九岁时,正就读小学三年级,班级里重新分配座位,她迎来了一位新同桌。这位同桌性格蛮横无理,两人时常发生小矛盾。有一次,同桌无故抢走了曹颖父亲从外地给她带回的新钢笔,这让她非常气愤,便伸手去抢。两人在争执中,同桌情急之下用刀片划破了曹颖的脸,留下了一道带血的伤口。虽然伤口不深,但长度惊人。她被吓得大哭起来,却不敢将此事告诉老师和家长,也不愿以同样的方式报复同桌。泪眼婆娑中,她再次狠狠地瞪了同桌一眼,清楚地看到了同桌嘴角边的那颗痣,这一幕深深地刻在了她的记忆中。

自那以后,同学们总是拿她脸上的伤疤开玩笑,她只能通过不懈的努力和优异的成绩来弥补内心的伤害和自卑。当她从回忆中回过神来,再次看向眼前痛苦呻吟的病人时,病人脸上的那颗痣让她的心猛地一颤。没错,这个病人正是她当年的同桌!同桌因遭遇车祸而被送进医院。此刻,女医生面临着一个复仇的机会——只要她在同桌头部的伤口处稍微偏一点下刀,那么同桌的脸上也将留下一道丑陋的伤疤。

复仇是人类的本能,而此刻正是一个绝佳的复仇时机。她手中紧握着手术刀,目光在病人身上稍作停留,经过一番激烈的心理斗争后,她做出了一个令人震惊的决定:在公与私、有仇必报与救死扶伤之间,她选择了后者。如同往常一样,她成功地完成了手术,并在心底原谅了同桌。

这位女医生的行为值得我们敬佩。她以德报怨的举动不仅让自己宽恕了他人,同时也解开了多年来埋藏在心底的仇恨枷锁。宽容和退让并非一种风度,而是人格的体现。拥有一颗宽容之心,方能化解心底的冰冷仇恨,让自己活得更加坦荡。

古语云:"水至清则无鱼,人至察则无徒。"在别人有意冒犯时,女医生能够放下心中的仇恨,不计前嫌地原谅对方。在我们的现实生活中,当别人无意中犯错时,我们更应该展现出宽容的一面。然而,宽容并非意味着怯懦。适当的宽容能够化解与他人之间的不必要矛盾,也能减少自己心中逐渐膨胀的仇恨情绪。

在人生的长河中,我们难免会经历他人的误解和伤害。这些经历如同心中的杂念,挥之不去,影响我们的情绪和决策。然而,真正幸福的人懂得如何清除这些杂念,选择原谅他人,从而为自己的心灵开辟一片净土。

清除心中的杂念,做好人生的选择。这意味着,我们要选择原谅他人,释放自己的负面情绪,用一颗宽容的心去面对生活中的挑战。生活是一场修行,原谅他人则是这场修行中的重要一课。当我们学会放下心中的怨恨,选择原谅他人时,我们会发现世界变得更加美好。

放下苛求，放过自己

什么是苛求？简言之，苛求是对事物提出超乎常理的过高要求。早在先秦时期，哲人们提出的顺应内心、自在生活的哲学观念深刻揭示出，无论是对自我还是对他人的过分苛求，均是对生活本质的扭曲，对社会适应能力的削弱，有弊无利。

在日常生活中，人们往往难以察觉自身苛求的一面，常将苛求与正当的追求混淆，误以为自我苛求是通往成功的必经之路。当然，人生需设定挑战，不断突破自我界限，勇于尝试新事物，这是成长的必经之路。然而，任何挑战都应遵循适度原则，审视自身能力边界，避免陷入盲目。一旦自我要求超出实际能力，便如同将自己置于险境，不自觉地滑入苛求的深渊。

追求梦想是人生之必需，缺乏追求，梦想便如空中楼阁，遥不可及。但务必明晰，追求与苛求存在着本质区别。苛求，是一种脱离现实的空想，是目标设定过高的盲目追求，更是自我困扰的根源。

正如法国文豪雨果在《巴黎圣母院》中的警世之言："苛求，无异于自我毁灭。"回顾历史，那些为挑战吉尼斯纪录而不惜生命之人，不正是因苛求自我，最终走向毁灭的鲜活例证吗？这警示我们，追求需脚踏实地，苛求则可能会走向悲剧。

在《环球时报》的生命周刊中，刊登过一篇引人深思的报道：

小陆24岁，就职于一家享有盛誉的金融机构。最近，每个夜晚他被一种挥之不去的焦虑困扰——他总觉得当天应完成的任务尚未完成，这种未完成感让他内心充满不安，自我满意度急剧下降，生活品质大打折扣。

面对心理咨询师，小陆敞开心扉，透露了自己从小到大的成长轨迹。他自幼便是个听话的孩子，即便是偶尔违背父母的意愿，也会在事后深感不安。在学业上，他始终保持着优异的成绩，为了圆北大梦，他甚至毅然决然地选择了复读一年高三，这份执着与毅力令人动容。

然而，小陆的个性却为他日后的生活埋下了隐患。他属于焦虑易感型人格，内向、敏感、多疑且胆小怕事，极度在意他人的评价，性格刻板固执，追求完美，却又缺乏自信。在成长的道路上，他始终被父母和老师的高标准严要求驱动，成绩斐然。进入大学后，即便没有了外界的约束，他依然严格要求自己，追求完美几乎成了他的一种本能。这种个性如同一只无形的手，推动着他不断前行，但当他真正踏入社会，面对众多优秀的同事时，前所未有的自卑感油然而生，精神压力与日俱增，再加上他敏感多疑的性格，最终导致了焦虑症的爆发。

小陆的故事，是对"苛求"二字最生动的诠释。他长期养成了严格律己的行为习惯，却未能适时地加以克制，将这一原本值得称赞的品德转化为一种对自我和外界的苛求。他苛求自己，苛求他人的认可，当遭遇挫折、意愿无法实现时，内心的矛盾越发激烈，最终演化为身体上的疾病。

其实，人生在世，无须过于苛求自己。正如古语所言："物极必反。"生活中的许多事情，就如同调味品一般，适量则美味，过量则适得其反。无论是为人处世、生活习惯还是做事方法，都不应苛求完美。盲人作家海伦·凯勒曾言："虽然这个世界上充满了痛苦，却到处都有解决痛苦的办法。"同样地，不苛求也能找到解决问题的途径。幸福并非只属于那些像老黄牛一样勤恳的人，学会放松自己，宽容他人，同样能收获幸福的生活。

在纷繁复杂的社会结构中，各个圈子的人们构成了生活的主导力量，他们通过参与各种各样的活动，共同编织着生活的多彩画卷。这些活动中，人际间的相互影响不可避免，无论是同事间的协作、朋友间的交往、亲情的维系，还是婚姻的经营，都需遵循一条重要的原则——退让原则。

在同事关系中，苛求往往导致排斥，破坏了团队的和谐氛围；朋友之间，苛求会拉开彼此的距离，让友谊的桥梁变得脆弱；家庭中，对亲人的苛求会引发指责，破坏了亲情的温暖；而在婚姻中，对伴侣的苛求更是如同利刃，可能将一个原本完整的家庭推向破裂的边缘。正如托马斯·富勒所言："结婚前，睁大双眼以识人；结婚后，则需闭上一只眼以容人。"这句话深刻揭示了婚姻中退让与理解的重要性。

在婚姻的殿堂里，两人朝夕相处，对方的优点与缺点都会逐渐显露。此时，明智的做法是给予对方更多的包容与忍让，而非以己之长苛求对方之短。毕竟，人无完人，苛求完美只会让婚姻之路布满荆棘。

学会退让，是一种智慧，也是一种境界。正如自然界的规律，花静则蝶至，树静则鸟来，人生亦需如此。不苛求，是人生的最高追求，它让人在顺其自然中享受轻松与愉悦，远离苛求带来的疲惫与压抑。顺其自然，并非放弃努力，而是懂得在努力与接受之间找到平衡，以平和的心态面对生活中的每一个挑战。

因此，在生活的每一刻，面对每一个人、每一件事物时，我们都应保持一颗不苛求完美的心。这样，我们才能摆脱无谓的烦恼，拥抱一个更加幸福、自在的人生。正如古人所言："唯莫不争，故天下莫能与之争。"在人生的舞台上，学会放下苛求，才能赢得更加宽广的舞台，演绎出更加精彩的人生篇章。

断舍离才是人生的破局

中国是一个有五千年历史的国度，我们有着古老的文明和深厚的文化底蕴，在生活中闪耀着不灭的光芒，对长辈谦恭礼让，对晚辈桃李之教，对陌生人宽恕他的过错，既是中华民族的优良品德，又为自己铺设一条宽广的道路。

庞女士是北京一家享有盛誉的高新技术企业材料处副处长，一个在职场风雨中屹立不倒的传奇女性。三十载春秋，她将自己最美好的年华奉献给了这里，她见证了企业的成长与变迁，也经历了个人职业生涯的起伏跌宕。

庞女士的职业生涯起步于基层，凭借着卓越的专业能力和不懈的努力，她迅速脱颖而出，成为公司中最年轻的女主管，领导着一支由百名工程师组成的精英团队，创造了多项技术革新，为公司的发展做出了不可磨灭的贡献。然而，正当所有人都以为她的职业生涯将如日中天，步步高升之时，一道无形的屏障却悄然横亘在她的晋升之路上——性别偏见。

十二年的副处长生涯，对庞女士而言，既是一段漫长的等待，也是一场深刻的自我修炼。起初，面对资历远不如自己却屡屡获得晋升机会的男同事，她的心中难免泛起阵阵涟漪，不平与失落交织成一张复杂的情绪网。但庞女士深知，真正的强者，不在于外界赋予的地位高低，而在于内心的坚韧与豁达。于是，她选择了一条不同寻常的道路——退让与自省。

她开始更加专注于自我提升，利用业余时间阅读各类书籍，从古今中外的经典文学到现代管理理论，无一不涉猎。她的歌喉清亮，舞技出众，这些才艺不仅丰富了她的个人生活，也成为她缓解压力、释放情绪的独特方式。更重要的是，庞女士学会了以一种宽广的视角去审视职场中的挫折与批评。她认为，每一次的挑战都是成长的契机，情绪并非无端侵扰，而是内心世界的影射，唯有自我调整，方能云淡风轻。

"这十二年来，我虽未能再进一步，但我的专业能力依然得到认可，我的价值并未因职位而减损。"庞女士常这样说。她用自己的行动诠释了退让原则的真谛，不是逃避，也不是软弱，而是一种基于退让原则的智慧选择，是对自我价值的深刻认同，是对未来无限可能的坚定信念。

在这个快节奏、高压力的社会里，庞女士的故事提醒着每一个人：面对不公与挑战，她情绪稳定，并没有因为退让焦虑，她认为退让是一种更高层次的获得，它让我们学会了在逆境中成长，在退让中前行，最终收获心灵的宁静与职业的辉煌。

自古以来，情绪冲动被视为阻碍个人成长与社会和谐的主要障碍之一，它常常驱使人们做出短视的决定，将自己置于困境之中。相比之下，退让原则如同一股清泉，它能有效平息内心的怒火，避免因报复心理而滋生的负面情绪，使人的心境回归平和与宁静。

在现代社会，退让原则尤为重要。在快节奏、高压力的生活环境中，人们往往因小事而起争执，甚至反目成仇。然而，真正的智者懂得退让，宽容他人不仅是对他人的释怀，更是对自己心灵的解脱。它让我们在人生的旅途中，能够更加轻松、自然、洒脱地前行，减少无谓的纷争，增加内心的平和与喜悦。

进一步而言，退让是一种深邃的智慧与高度的自我控制力。它教会我们在面对冲突时，寻找更加和谐、双赢的解决方案，从而在人际关系中建立起更加稳固的信任与尊重。

做人不可锋芒太露

在现代职场环境中,遭遇同事的孤立是常有的事,其成因复杂多样。虽然部分情况下,我们可能不幸地遇到天生嫉妒心强的同事,这些人出于某种目的刻意将他人排斥在团队之外;但更多时候,被孤立的根源在于个人的某些特质或行为模式。当一个人意识到自己背后遭受非议时,很容易形成一种认知偏差,认为自己是被整个群体排斥的孤独个体,这种感觉往往会加剧内心的痛苦与不安。

柳雪飞是一位年轻有为的职业女性,凭借出色的工作能力赢得了上司的青睐。每次会议中,领导总是倾向于征求她的意见:"对于这个问题你怎么看?"随着柳雪飞日益显露头角,公司内部那些资历更深、职位更高的员工开始对她感到不满。

柳雪飞持有较为开放的生活观念,尽管已婚多年,但她决定暂时不要孩子。这本应属于个人隐私范畴的选择,却不幸成了办公室八卦的话题。有人向上级反映称柳雪飞过于追求职业发展,以至于牺牲了家庭生活。这一传言迅速蔓延开来，使柳雪飞一夜之间被视为"当官狂"的典型代表。从此之后，同事们对她的态度发生了微妙的变化——交谈变得简短而直接，似乎存在着一道看不见的障碍将她与他人隔开。面对这样的误解，柳雪飞感到非常委屈，因为她从未有过如此功利的想法。

从某种程度上讲，柳雪飞之所以会陷入这种困境，是因为她在职场中锋芒太露，又不注意平衡周围人的心态，有这样的结果并不奇怪。

后来，大家听说柳雪飞怀孕了，她见人就笑，也不那么目中无人了，慢慢隐藏了自己的锋芒，同事们也愿意与她交往了。

像柳雪飞这样的例子并不罕见。许多在职场上表现优异并得到上级认可的员工会发现自己的人际关系反而变得紧张起来。即使他们每天都勤勉工作且成绩显著，甚至经常受到表扬，但却发现自己正逐渐被同事疏远，甚至连日常问候都变得奢侈。

优秀的人在遇到被同事孤立的情况下，不要逃避，可主动地向他人问好，他人也会给你回应的，你也能从中体会到快乐，不要寄希望于他人主动与你交往，这一点很重要。沟通技巧上你要多称赞对方、认同对方。你会发现不仅自己的社交圈会扩大，连带而来的工作压力也会有所减轻。

假设一个工作环境中不存在明显的竞争敌意（如嫉妒、打压等），但你仍然感觉到自己似乎游离于集体之外，那么就需要认真反思一下自身的行为模式是否存在问题。可能的原因包括但不限于：过于专注于职业发展而忽视了同事间的情感维系；或是在日常工作中无意间伤害到了他人的自尊。值得注意的是，任何组织都是由多个成员共同组成的整体，单凭一己之力难以维持长久稳定运行。因此，在追求专业成就的同时也必须注重维护良好的人际关系网。一旦发现自己正经历着被排斥，首先应该从自我反省开始寻找解决方案，积极应对挑战，谨慎处理各种复杂关系，努力重建和谐共处的氛围。

观察日常工作场景时不难发现，经常可以看到一些小团体聚集在一起讨论问题或分享趣事。如果你发现自己很少参与其中，这种状态很容易让人误解为遭到了排斥，从而引发消极情绪，影响工作效率和个人幸福感。面对这种情况，建议适当调整心态，尝试融入这些小组活动中。即便对于其中某些内容持保留意见，也应尽量表现出友好态度，避免直接冲突。否则，长此以往只会加深与同事之间的距离感，最终落入更加孤立无援的境地。总之，通过改善交际方式、增强自信心以及培养开放包容的心态，每个人都有机会打破壁垒，成为受欢迎且值得信赖的合作伙伴。

第二章　幸福不是争来的，而是用心感受的

懂得遗忘的人最幸福

在现代社会中，人们常常面临各种压力和挑战，学会遗忘则成为一种重要的心理调节方式。乐于忘忧，可以使一个人的心理得到平衡，从而更好地面对生活。然而，如果人们总是沉湎于过去，无法释怀，常常对曾经爱过自己的人和自己爱过的人念念不忘，甚至以泪洗面，这是不应该的。或者回忆往昔的欢乐，常拿明日黄花当眼前美景，让过眼烟云在心头永驻，沾沾自喜，陷入虚妄之中，从而放弃了追逐现在的幸福，这也是不可取的。

在学会遗忘的过程中，同时也要注意其中的"学会"二字。它告诉人们，在忘却的过程中，人们要做一定的选择。如果没有一定的选择，而将过去的一切都忘记了，那便是"忘恩负义"。因此，要学会有选择地忘记，就是要忘记那些给自己现在的生活造成负面影响的事情，而不是忘记自己过去的所有。

在一次聚会中，我与朋友共享着欢乐时光。席间朋友突然接起一个电话，通话内容似乎涉及近期一桩针对他的诬陷事件。令人意外的是，当对方提出要透露诬陷者身份时，朋友却淡然回应："请别告诉我，我不想知道他是谁。"

挂断电话后，我的好奇地问缘由："既然有人恶意中伤你，你为什么不想知道是谁所为呢？"朋友微微一笑，解释道："知晓真相又能如何？有些事情，不必探究；有些过往，学会放下。"

这时，我不禁想起一句箴言："懂得遗忘之人，是幸福的。"

确实，人生旅途中，何必让无谓的烦恼占据心间？快乐之源，在于自我释怀。而最有效的减压之道，莫过于学会遗忘——将那些可能引发不快与痛苦的记忆，彻底抛诸脑后，让心灵得以自由翱翔。

阿拉伯著名作家阿里有一次和吉伯、马沙两位朋友一起去旅行。就在三人行经一处山谷时，马沙失足滑落。幸而吉伯拼命拉他，才把他救了起来。于是马沙在附近的大石头上刻下了：某年某月某日，吉伯救了马沙一命。

三人继续走了几天，来到一处河边的时候，吉伯跟马沙为一件小事吵了起来，吉伯一气之下打了马沙一耳光。马沙跑到沙滩上写下：某年某月某日，吉伯打了马沙一耳光。

当三人旅游回来之后，阿里好奇地问马沙为什么要把吉伯救他的事刻在石头上，而将吉伯打他的事写在沙滩上？

马沙回答："我永远都感激吉伯救我，我会记住的。至于他打我的事，我也随着沙滩上字迹的消失，而忘得一干二净。"

第二章　幸福不是争来的，而是用心感受的

　　人要有一颗感恩之心，对那些给过自己帮助的人，要永远铭记他们的好，即使这辈子都无法报答他们，也要在心里默默给予他们祝福。而对于那些伤害过自己、损坏过自己名誉的人，就选择忘记吧！让他们在他们自己的良心世界里自生自灭，而我们还有自己的生活要去过。如果为了那些伤害过你的人而烦恼，岂不是正好成全了他们想要折磨你的那颗卑鄙的心吗？

　　有首诗这样写道："春有百花秋有月，夏有凉风冬有雪。若无闲事挂心头，便是人间好时节。"记住该记住的，忘记该忘记的，退一步人生洒脱，心无挂碍，生活才会充满阳光，无比幸福。

　　遗忘曾经有过的坎坷和挫折，遗忘曾经有过的失败和悲伤，遗忘曾经有过的失落和耻辱……生活需要遗忘，生命同样也需要遗忘。

　　据《世界科技译报》报道，精神病学家亚历山大·卢里亚对一位十分不幸的男子进行科学检查发现，此人永远不会忘记在他大脑中所有留下印象的东西，各种信息使他的大脑运转混乱导致他根本无法看书，也不能合乎逻辑地思考。于是有人感叹要是他能够学会遗忘就好了！

　　现代医学认为遗忘可以减轻大脑的负担，降低细胞的消耗。在正常情况下人的脑细胞每天大约死亡十万个，如果再加上外界刺激，脑细胞每天死亡的数量将增加几十倍，几年几十年下去对大脑自然有一定的损害。因此学会遗忘是绝对必要和有益的，有了遗忘就可以给大脑减少一些负荷，从而活得更健康。所以才会有人说："只有

遗忘点什么才能记住点什么。""善于遗忘的人才是一个健康的轻松的人。"

那么我们如何才能学会遗忘呢？对于记忆，有位专家这样形象地描述："记忆就像是一杯水，一开始是清澈的。黑色的记忆就像是细沙一样到了水里水就会浑浊，已经有了细沙看上去比较浑浊的水是如何让自己变得清澈的呢？"对此专家提出遗忘的科学方法：

1. 沉淀法。随着时间的推移水再次清澈，但细沙并没有消失，只是沉到了水底，当有人搅动水时还会翻腾起来再次浑浊。

2. 过滤法。有意识地多去想开心的往事，尽量少想不开心的事。只不过，这样虽然可以过滤掉大部分沙子，但有些非常细小的沙子是滤不掉的，这种方法无法彻底使水清澈。

3. 换水法。把整杯水倒掉注入新水，具体方法就是多去做开心的事。与过滤法的区别是过滤法是多去"想"开心的"往事"，换水法是多去"做"开心的"事"。

懂得遗忘的人是有福的，为幸福请学会遗忘！

放下芥蒂，化解冲突

在生活的宏伟舞台上，每个个体都承载着独特的故事与挑战。当我们目睹他人的艰辛时，展现出的理解与宽容，实际上是对人性深刻的体谅与尊重。

经过一年的职场磨砺，韩雪已经变得更加成熟和包容。她曾分享过自己的经历，如何在生活的挑战中学会更多的体谅与宽容。

大学毕业后，韩雪入职了一家杂志社担任编辑工作。她透露，她的直属上司性格多变且情绪不稳，同事们背后都称她为"老猫"。韩雪表示："'老猫'的存在给我这个新人带来了不少困扰。我大学时期的活泼个性与自由散漫的行事风格引起了'老猫'的特别关注，仿佛从我加入公司的那一刻起，'老猫'就对我格外挑剔。"

"老猫"要求韩雪每天必须准时到岗，尽管她的岗位并不要求坐班。这迫使韩雪不得不改变她在大学时期养成的习惯，每天早起，穿越大半个城市来到办公室。一旦迟到，她就得小心翼翼地处理这种尴尬的局面。

随着时间的推移,韩雪被分配负责杂志的稿件收发工作,这占据了她所有的时间,与她所学的专业似乎并无太大关联。她开始感到愤怒和不满。

在一个周五的下午,韩雪在堆积如山的稿件中发现了一张退回的明信片,原本是寄往郊外一所特殊学校的。明信片上写着:"杨老师,感谢您对小名的照顾,他也经常提起您!祝您教师节快乐!"落款是"小名的妈妈"。韩雪一看就确认这是"老猫"的字迹,震惊之余,她意识到"老猫"的儿子是一个特殊儿童。

周日的傍晚,韩雪在陪朋友逛完商场后回家的路上,偶然间在十字路口看到了一个熟悉的身影——"老猫"正拉着她那个看上去有些迟钝的孩子过马路。他们母子俩在红灯即将变绿时仍未到达人行道,周围的车辆川流不息。"老猫"焦急地加快步伐,同时警惕地环顾四周,生怕孩子受到伤害。而那个男孩却在马路上嬉笑不止。

那一刻,韩雪被深深触动了。她目睹了"老猫"在公众面前显得如此脆弱和无助,这与她在办公室里的形象形成了鲜明的对比。

那晚,韩雪在星巴克等待朋友时,心情久久不能平静。她开始理解"老猫"的暴躁和易怒,意识到生活中的艰难困苦已经将她挤压得没有力气去保持优雅。

那一夜,韩雪几乎一夜未眠。天亮后,她立刻赶往单位,将那张明信片放回了原处。在例会上,当韩雪看到"老猫"时,她用充满温柔和尊敬的语气对她说:"老师好。"那一刻,"老猫"眼中的惊讶显而易见。擦身而过时,韩雪感觉自己将她的秘密归还给了她,而"老猫"也让韩雪学到了生活中其他的一些东西,如宽容和爱。

生活中除了鲜花和笑容,也充满了伤口和眼泪。在表面的妆容之下,谁又能真正看透每个人生活的真相呢?因此,我们应该尽可能地宽容他人,因为他们也许正在承受着我们看不见的生活重荷。

在人际交往中,我们往往能够将他人的缺点看得一清二楚,然而,这并不意味着他们有权严厉地指责对方。与人相处时,重要的是要培养一种体谅他人的品质,以一种温和且不具伤害性的方式,适时地提供帮助。采取对抗态度往往容易引发他人的反感,从而无法实现预期的目标。

在做人上,我们不应该用过于苛刻的标准来要求他人,而应该尊重、理解并接纳他人,这样才能赢得他人的欢迎。相反,那些总是吹毛求疵、批评说教无休止的人,往往难以拥有亲密的朋友,人们对他们也只能保持敬而远之的态度。

因此,我们应该培养退让原则和宏大的气度,胸襟坦荡广阔的人不会被琐碎的小事困扰,而是将目光投向生活的深度与广度,他们是稳重、从容不迫的人。

当我们心怀退让原则,在慌乱时能保持冷静;在忧愁时增添欢乐;在艰难时顽强拼搏;在得意时言行如常;在胜利时不骄不躁,不断寻求新的突破。只有如此,才可能成为真正豁达大度的人。

看淡生活中的不顺和不快

  在人生的旅途中，我们常常会发现，过度计较生活中的琐碎与不如意，往往会使我们陷入无尽的烦恼与郁闷之中，心中积累的怨气也随之膨胀。鉴于此，我们或许应当采取一种更为超脱的心态，以一种平和的视角去审视周遭的不顺与挑战，减少不必要的计较，从而避免情绪的无谓波动。
  有一位充满自信的歌手，怀揣着对音乐事业的无限憧憬，决定进军娱乐圈。他精心录制了自己的作品，并满怀期待地寄给了一位业界知名的制作人，随后便陷入了焦急而漫长的等待之中。
  起初，他满怀希望，仿佛已经预见到了自己的成功之路，心情愉悦，逢人便分享自己的梦想与规划，甚至幻想起未来星光璀璨的舞台生涯。然而，随着时间的推移，制作人那边迟迟未有回应，他开始尝试自我安慰，试图平复内心的波动。数日过去，依旧杳无音信，他的耐心逐渐消磨殆尽，情绪变得越发烦躁，对周围的一切似乎都充满了不满,甚至出现了言语上的冲动行为。

"我的声音如此独特,才华如此出众,怎会无人赏识?"他在心中不断自问,猜测着各种可能的原因。最终,当失望的情绪达到顶点时,他感到前所未有的挫败感,仿佛所有的梦想都化为了泡影,心情跌至谷底。就在这时,一通突如其来的电话打破了沉默,正处于愤怒中的他未及多想拿起电话就骂人,未曾料想这通电话正是那位制作人打来的,而他的不当言行却因此断送了自己的前途。

在我们的生活中,遭遇挫折、困境以及不愉快的经历是在所难免的。如果我们一味地沉溺于愤怒、焦虑和怨恨之中,过分纠结于得失,不仅无助于问题的解决,反而会使情况恶化,让我们失去更多本可把握的机会。

其实,避免生气的方法并不复杂,关键在于学会看淡那些生活中的小挫折与不快。当我们将注意力集中在真正重要的事情上,学会让步,放下那些无关紧要的烦恼,心中的怒气自然会消散无踪。正如古人所言:"心若放宽,处处皆是晴天。"通过调整心态,我们能够更加从容地面对生活的挑战,让心灵得到真正的释放与升华。

君杰作为一名新近毕业的大学生,历经层层筛选与激烈竞争,终获一家知名外贸企业的青睐,开启了职业生涯的新篇章。

就职当天,他晨光微露便起身,细心装扮一番,力求以最佳形象亮相职场。鉴于时间充裕,他决定提前享用早餐,为一天的工作蓄力。然而,意外总是不期而至,邻座孩童不小心打翻了他的牛奶杯,牛奶溅了他一身，留下斑驳痕迹。面对突发状况，孩子的母亲连连致歉，并竭力尝试清理，但未能完全恢复衣物原貌。君杰心中虽有不快，却也理解意外难以预料，并未过多责难。

尽管如此，这起看似微不足道的事件，却在君杰心中投下了阴影。他担忧同事对此产生误解，更怕上司因此质疑其对细节的重视程度。带着这份忐忑与不安，他步入办公室，却因心神不宁而连连失误：不慎打破老板珍视的水杯，错拿同事重要的文件，甚至操作不当损坏了公司传真机……一系列连锁反应，让本就紧张的他更加慌乱。

当日工作结束，君杰回顾一天所经历的，不禁感慨万千："一切皆因那不幸的牛奶污渍而起！"此言虽非全然准确，却深刻反映了情绪管理的重要性。

在职场乃至生活中，我们无法控制所有外界因素，但可以掌控自己的内心世界。面对不如意之事，若能保持冷静与理智，不被负面情绪左右，或许就能避免更多不必要的麻烦与困扰。正如古语所云："既往不咎，心向未来。"学会谦让，方能轻装前行，迎接每一个崭新的挑战。

第三章
一个人最好的修养,是情绪稳定

第三章　一个人最好的修养，是情绪稳定

掌控自我，驾驭情绪

近年来，"情绪稳定"这一概念频繁出现在各种场合。每个人对"情绪稳定"的理解都不一样。人们之所以强调情绪稳定，是因为情绪稳定能够帮助我们更好地建立良好的人际关系，同时有助于维护身心健康，从而影响个人的幸福感。

2019年7月，在百度举办的AI开发大会上，李彦宏正在演讲。刚说完"最后一公里的自由"这句话后，一名男子手举一瓶矿泉水突然从台下冲上来，只见他抓住李彦宏的手，将矿泉水从李彦宏的头上倒下。

这一突发事件让李彦宏也愣了一下，但他迅速调整好状态，继续演讲，并睿智地说："大家看到在AI前进的道路上，还是会有各种各样想不到的事情发生，但是我们前行的决心不会改变，我们坚信AI会改变每一个人的生活。"

面对这突如其来的状况，李彦宏展现出非凡的情绪控制力。他没有慌乱，没有愤怒，甚至没有表现出丝毫惊讶。这种从容不迫的态度，让人不禁为之赞叹。

事后，李彦宏在接受采访时表示："那一刻，我确实感到有些意外，但我很快就平静了下来。我知道，作为一名公众人物，难免会遇到各种突发情况。重要的是要保持冷静，用理性去应对。"他的这番话，不仅体现了他掌控情绪的能力，更彰显了他的成熟与智慧。

此外，李彦宏还强调了情绪稳定对于个人成长和事业发展的重要性。他认为，只有当我们能够掌控自己的情绪时，才能更好地应对生活中的挑战和困难。而这种能力的培养并非一蹴而就，需要长期的学习和实践。

面对突发事件保持冷静和理智是非常重要的。这不仅能够帮助我们更好地应对当前的情况，还能够为我们赢得更多的尊重和信任。同时，这也提醒我们要不断提升自己的情绪管理能力，以便在未来的生活和工作中更加从容不迫、游刃有余。具体来说，情绪稳定的人在生活中的表现如下：

1. 平和的情绪：情绪稳定的人通常表现出较为平和的情绪状态，不容易被小事激怒或扰乱。他们在面对挑战和压力时能够保持相对镇定，避免过度反应或情绪失控。这种平和的情绪状态有助于他们在复杂多变的环境中保持冷静，做出理性的判断和决策。

2. 快速的情绪恢复：情绪稳定的人往往能够迅速从负面情绪中恢复过来，转向积极的情绪状态。他们具备较好的情绪调节能力，能够有效地处理和应对情绪上的挑战，并迅速恢复到正常的情绪水平。这种快速的情绪恢复能力使他们在面对困难时更加坚韧不拔，不易被挫折击垮。

3. 适度的情绪波动：情绪稳定的人的情绪波动相对较小，不容易为外界事件或他人的极端行为所影响。他们的情绪变化较小，不会出现剧烈的情绪波动或快速的情绪变化。这种适度的情绪波动有助于他们在社交和工作中保持良好的形象，减少因情绪失控带来的负面影响。

4. 良好的情绪调节能力：情绪稳定的人具备良好的情绪调节能力，能够有效地识别和表达自己的情绪，并采取适当的策略来管理和调节情绪。他们能够在不同情境下采取积极的情绪调节策略，如寻求社会支持、积极思考、放松技巧等。这些策略帮助他们更好地应对生活中的各种挑战，保持内心的平衡。

5. 一致的情绪反应：情绪稳定的人在不同的情境下表现出一致的情绪反应。他们的情绪体验和情感状态在不同的情境中变化相对较小，表现出相对稳定的情绪模式。这种一致性使他们能够相对一致地应对不同的情绪触发因素，不会因为环境的变化而出现大幅度的情绪波动。

情绪稳定不仅仅是一种心理状态，更是一种生活态度。它要求我们在面对生活中的各种挑战时，能够保持内心的平静和理智，不为外界的干扰所左右。这种态度有助于我们在复杂多变的社会环境中保持清晰的思维，做出明智的选择。

此外，情绪稳定还与自我认知和自我接纳密切相关。一个情绪稳定的人在面对自己的缺点和不足时，能够以客观的态度看待，并努力改进；而在面对自己的优点和成就时，也能够保持谦逊和低调。这种自我认知和自我接纳的能力，使他们在人生的旅途中更加从容和自信。

内心平和地处理冲突

在一家规模不大的小餐馆里,只有几个顾客散落在不同的角落,各自沉浸在自己的世界里。靠窗的位置上,是一位年迈的老人,这时进来一位年轻人,坐在老人的对面。

对于这位年轻人为何选择坐在老人旁边,老人并没有过多地思考。他只是觉得,自己所在的这张桌子上有吃面时可以放的辣椒油和醋瓶,这或许是吸引年轻人坐在这里的一个原因。

由于餐厅里客人不多,头顶上的照明灯没有全部打开,因此整个屋子显得有些昏暗。这种光线为接下来的情节增添了一丝神秘感。虽然手捧炸酱面的年轻人装作吃得津津有味,但他的注意力却不在眼前的这碗面上。他不停地用余光斜睨着旁边那位老人放在桌子上的黑色皮包。

当老人吃完面点了一根烟抽起来时,年轻人故意装作漫不经心地吃面的样子,用胳膊将老人桌子上的那盒香烟碰到地上。他口里连连道歉,老人则一边说"没关系",一边弯下腰去捡那盒香烟。就在这时,年轻人迅速而敏捷地从桌子上那个黑色的皮包里掏出了老人的钱包放进自己的衣袋里。当老人直起腰来时,年轻人却放下手中还未吃完的面要走人了。

然而,就在年轻人即将离开之际,一只有力的手拍在了他的肩膀上。年轻人心中一颤,拍他的正是那位老人。原来,当老人直起身子后看见年轻人碗里的面条还没吃几口便要走人时,心里起了疑惑。当他打开皮包要把香烟放进去时,立马就发现自己的钱包不见了。而坐在他旁边最近的就只有那个年轻人。因此,不用怀疑,肯定是年轻人拿了他的钱包之后想要溜之大吉。于是,当年轻人走到门口时,老人便跟了上来。

老人对年轻人说:"小伙子,你能等一下再走吗?"年轻人愣了一下:"怎么,你有事吗?"老人回答道:"哦,是这样的,我拿了家里所有的积蓄带着我老伴进城来看病。我老伴现在还躺在医院的病床上,为了省下钱给她买点补品,我每天都会来这里吃碗面条。可是刚才我吃完面条准备付钱时,却发现自己放在桌子上皮包里的钱包不见了,我想肯定是被我不小心碰到地上了。我的老花眼越来越严重了,而且我刚才在捡起你弄掉地上的烟盒时又不小心扭了腰,能不能麻烦你帮我找一下?要知道那可是我老伴的救命钱啊!"

听到这里年轻人的紧张情绪缓解了不少,他用衣袖抹了一把额头上滑落的汗珠,对老人回答道:"哦!是这样啊。那您先不要着急,我来帮您找找看。"说完年轻人弯下腰去蹲在桌子底下,沿着桌子转了两圈后,装作一副高高兴兴的样子将手中的钱包递到老人的面前说:"老人家,您看看这个钱包是不是您的?"

老人充满感激地紧紧握住年轻人的双手激动地对他说:"谢谢你啊年轻人!真的非常感谢!你真是一个不错的小伙子啊。"等到这个年轻人走远之后,一个店员对老人说:"既然您已经确定钱包就是这个人偷的,那么您为什么不报警呢?"

老人的回答让人回味悠长,他说:"虽然报警同样能够找回钱包,但是在报警的同时也会激怒偷钱的人,警察赶来期间,面对这样一个身强力壮的人,我们都不敢保证会发生什么,因此,这个时候避免冲突的升级才是最好的办法。"

这个老人是非常明智的。他知道,如果直接指出年轻人的偷窃行为只会令他恼羞成怒,而自己也已年老体衰,根本对付不了这个身强体壮的年轻人,更何况谁都有难免一时糊涂犯错误的时候,如果能给他一个台阶下,不要让他太丢面子往往会收到意想不到的效果。

在现代社会中,冲突无处不在。无论是家庭琐事、职场矛盾,还是朋友间的误会,都可能引发一场激烈的争吵。然而,面对冲突,我们是否只能选择硬碰硬,让情绪失控?其实不然,心平气和地处理冲突,不仅能够化解矛盾,还能让我们在冲突中成长。适时地选择退让是一种智慧,是一种能够化解矛盾、消除仇恨、促进和谐的方法。

当我们面对他人的过错时不妨退一步,这样不仅能够避免矛盾的激化,也能让对方感受到温暖。退让并不意味着放弃自己的原则和底线。在退让的过程中,我们可以提出一些条件,让对方也做出一定的让步。这样,双方都能在一定程度上满足自己的需求,实现双赢。

遇事三分包容，切忌冲动

在纷繁复杂的人际交往中，冲突无处不在。我们提倡和践行"幸福者退让原则"，并非意味着逃避或妥协，而是一种智慧的体现。这会使我们在与他人产生分歧或摩擦时，无论是观点上的、习惯上的还是价值观上的，都能够以一颗宽广的心去对待。学会包容，意味着我们不会轻易为他人的言辞或行为所伤害。同时，包容也能够帮助我们建立起更加深厚的人际关系。当我们对他人展现出理解和接纳的态度时，他人也会感受到我们的真诚和善意，从而更愿意与我们建立深厚的友谊或合作关系。

真正做到包容既需要智慧，也需要具备一定的修养。一个有修养的人，能够更好地控制自己的情绪和行为，不让负面情绪裹挟自己。

在一个热闹市场里，一位中年妇女的摊位生意异常火爆，这引起了其他摊贩的嫉妒。他们经常有意无意地将垃圾扫到她的摊位前。

然而，这位中年妇女总是宽厚地笑笑，从不计较，反而耐心地将垃圾清扫干净。

旁边卖菜的一位大哥观察了她好几天，终于忍不住问道："大家都把垃圾扫到你这里来，你为什么不生气？"中年妇女笑着回答："在我们老家有个习俗，过年的时候，都会把垃圾往家里扫，垃圾越多就代表今年赚的钱越多。现在每天都有人送钱到我这里，我怎么舍得拒绝呢？你看我的生意不是越来越好吗？"

卖菜的大哥不得不夸赞中年妇女的心态，也让他对这位中年妇女的智慧和善良产生了敬意。他开始主动帮助妇女清理摊位前的垃圾，并且还向其他摊贩传播这个故事。渐渐地，整个市场的氛围变得更加和谐友好。从此以后，那些垃圾就不再出现了。

这位中年妇女的智慧和宽容不仅赢得了卖菜大哥的尊重，也让其他摊贩对她刮目相看。她的生意因此更加兴旺，成为市场的佼佼者。而这个市场也因为她的故事而变得更加文明和谐，人们不再随意丢弃垃圾，学会了珍惜和尊重他人的劳动成果。

这个中年妇女化恶意为祝福的智慧确实令人惊叹，然而更令人敬佩的却是那与人为善的宽容美德，她用智慧宽恕了别人，也为自己创造了一个融洽的人际环境。俗话说，和气生财，自然她的生意也越做越好。如果她不采取这种办法，而是和别人针锋相对，结果可想而知。

在法国西南的宁静小城塔布里，有个名叫阿兰·马尔蒂的警察，他脾气十分火暴。一天晚上,马尔蒂穿着便装前往市中心的一家烟草店购买香烟。当他正要进入店内时,一个名叫埃里克的流浪汉拦住了他,请求施舍一支烟。

马尔蒂表示自己正打算购买,希望以此理由摆脱埃里克。然而,埃里克固执地守在店外,坚信马尔蒂买烟后会分享给他一支。当马尔蒂买完烟出来时,已经微醉的埃里克再次纠缠着他索要香烟。由于对埃里克深感厌烦,马尔蒂拒绝了他的要求,两人随即发生争执。

随着彼此的谩骂和嘲讽不断升级,情绪激动的马尔蒂展示了他的警官证和手铐,威胁要让埃里克尝尝厉害。埃里克则反击说:"你这个混蛋警察,看你能把我怎样?"这番话刺激了马尔蒂,导致两人开始肢体冲突。周围的人努力将他们分开,并劝说不必为了一支香烟大动肝火。

被劝开的埃里克愤愤不平地朝一条小路走去,边走边挑衅地大喊:"臭警察,有本事来抓我呀!"愤怒至极的马尔蒂失去理智,拔出枪追逐埃里克,并在冲动中连开四枪。埃里克倒在血泊中,当场失去生命。

最终,法庭以故意杀人罪判决马尔蒂入狱30年。这起事件不仅摧毁了两个家庭,也为这座宁静的小城带来了不可磨灭的伤痛。

冲突的双方,一个人丧命,一个人坐牢,起因只是一支香烟。其实,罪魁祸首是失控的情绪。当我们遇到问题时,要学会克制自己的情绪,不要急于表达自己的观点或采取行动。给自己一些时间冷静思考，分析问题的根源和可能的解决方案。这样，我们才能做出更明智的选择，避免因冲动而引发冲突。

冲动的行为往往源于一瞬间的情绪爆发，它忽略了理性思考的必要性，忽略了行为后果的严重性。而这种未经思考的行为，往往会给我们带来诸多不利的后果。在情绪的驱使下，人们可能会说出伤害他人的话语，甚至采取过激的行动。这些行为不仅会伤害到他人，也会对自己的形象和声誉造成负面影响。更重要的是，一旦言行过激，即使是无心之失，也极容易触碰到他人的伤痛，破坏原本和谐的人际关系，给双方带来难以弥补的裂痕。

我们要学会克制自己的冲动情绪。当然，克制冲动并不意味着我们要完全压抑自己的情绪。关键在于我们要学会以合适的方式表达自己的情绪，而不是让情绪控制我们的行为。只有这样，我们才能建立起和谐的人际关系，减少冲突的发生。

学会包容，克制冲动的情绪，是我们在人际交往中避免冲突、保持和谐的关键。我们不仅能够减少矛盾和冲突，还能够建立起更加和谐的人际关系，让自己的生活更加充实和幸福。

第三章 一个人最好的修养，是情绪稳定

强大的人往往主动示弱

从古今中外的诸多名人案例中，我们可以发现：强大的人往往拥有一种超凡的智慧——主动示弱。这种看似逆流而动的行为，并非软弱或缺乏自信的表现，而是一种深思熟虑后的处世策略。他们明白，真正的力量并非展现在对他人的压制上，而是在于避免无谓的冲突，以包容的心态面对世界。

真正强大的人，他们的内心深处有一种深不可测的平静和自信。他们不需要通过显示自己的力量来证明什么，因为他们的价值和能力早已在默默的付出和成就中得到了体现。在这样的人身上，我们看到的是一种成熟的魅力，一种不为表面现象所动摇的坚定。

亚伯拉罕·林肯，美国历史上的一位伟人，他在南北战争期间担任总统，以其深厚的人道主义精神和卓越的领导能力著称。

在南北战争期间，林肯有一个名叫斯坦顿的部长，他以脾气暴躁著称，经常在军事问题上与林肯意见相左。一次，斯坦顿在一份报告上对林肯进行了尖锐的批评，并在公共场合对林肯的政策表示不满。这种行为在当时的政治环境中，可被视为极大的不敬。林肯没有选择公开回应或斥责斯坦顿，而是私下里找到斯坦顿，以平和的语气讨论报告中的问题。林肯对斯坦顿说，他理解斯坦顿的担忧，也尊重他的直言不讳，但同时希望他们能够更好地沟通，共同为国家的未来努力。林肯的宽恕和理解深深地打动了斯坦顿，此后他变得更加合作，两人的关系也得到了显著改善。林肯的这种做法不仅避免了政府内部的分裂，还增强了团队的凝聚力，为南北战争的胜利奠定了基础。

从林肯的例子中，我们可以看出，越是真正强大的人越是善于化干戈为玉帛，化不利为有利。他们会选择一种更为和谐的方式来处理与他人之间的摩擦。这并不是他们害怕对抗，而是因为他们明白，真正的胜利不在于赢得每一场小战斗，而在于保持内心的平和与专注于更远大的目标。

示弱对于强大的人来说，也是一种策略。在适当的时候表现出柔软的一面，可以有效地化解潜在的敌意。这种策略性的示弱，实际上是一种更高层次的自我控制和智慧的运用。他们不是逃避问题，而是在用一种更为圆融的方式解决问题，这样既能保护自己的利益，又能维护良好的人际关系。

强大的人在示弱时，并不是放弃了自己的立场，而是在坚持原则的同时，选择了更为柔和的表达方式。他们知道如何在坚持自己的价值观和利益的同时,也尊重他人的感受和需求。这种能力,是他们在长期的社会实践中锻炼出来的,是他们人格魅力的一部分。

强大者的示弱,不是一种无力的妥协,而是一种充满智慧的选择。他们通过示弱来避免与他人的冲突,不是因为恐惧,而是因为一种超越常人的见识和胸襟。他们的行为告诉我们,真正的力量不在于表面的强硬,而在于内心的坚定和对大局的掌控。

在现实生活中,我们每个人都可以放下身段,降低姿态,不仅能够帮助我们避免不必要的麻烦,还能够帮助我们赢得更多的尊重和支持。这是一种生活的艺术,一种智慧的选择,也是我们在人生旅途中不断成长和进步的重要标志。

家是讲感情的地方

  在时间的长河中,世事变迁不断,消磨着一切。在这个充满不确定性的世界里,人们渴望找到一片心灵的港湾,避免无目的的漂泊。然而,面对生活中的琐碎事务和压力,我们往往发现自己缺乏足够的心理调适能力。

  有一位女孩,出身于贫困家庭,从小性格就很倔强,生活中也表现得比较强势,初中毕业后便开始打工生涯。凭借不懈的努力,她最终在一线城市成家立业并购置了房产。装修完毕后,她首先想到的是让辛劳一生的父母来享受更好的生活。由于母亲需要照顾生病的弟弟,因此父亲成了首位到访者。原本这是一件值得高兴的事情,因为从小父亲就是最疼爱她的人。在她看来,接父亲过来不仅能帮助照看孩子,还能让他过上轻松的生活。

  然而,现实往往与理想相去甚远。多年的城市生活改变了女孩的价值观和生活方式,父女之间首先在生活习惯上产生了分歧。父亲遵循严格的作息时间，每天清晨六点多便起床准备早餐，随后照顾孙女起床洗漱，并叫醒全家人用餐。

女孩经营着自己的美容院，经常忙碌至深夜才归家，因此早上十点前的睡眠对她来说尤为宝贵。父亲则坚持认为家务应由女性承担，而现在他却不得不承担起家庭琐事。这种变化让他内心感到极度失望，开始对女孩的生活方式提出批评。

女孩心中充满了委屈，她认为自己已经尽力为家人提供最好的生活条件，为何还要被指责？深夜里，她常常独自哭泣。尽管她给予了父亲充足的生活费，但父亲对于做饭一事始终不满。最终，女孩同意让父亲返回老家，改由母亲前来同住。

没想到，原本以为容易相处的母亲也与她产生了矛盾，不到一个月便吵着要回家。女孩极度沮丧：自己辛苦工作，只为给家人更好的生活，为何他们却不愿与她共同享受成果？直到有一天，连最爱她的丈夫也向她提出离婚，女孩才意识到自己在与家人相处时存在严重问题。面对丈夫的离婚要求，一向坚强的她终于情绪崩溃："我为你们付出了那么多，为什么你们都要离开我？"丈夫只是叹了口气。冷静下来后，她哭着问道："你可以离开，但请告诉我原因。"

丈夫回答说："你自己想想，你和谁在一起不吵架？跟你在一起的人都要听你的，稍有不如意你就会发脾气。我要听你的，我的家人要听你的，你的家人也要听你的。孩子吃不下两个鸡蛋，你就像疯子一样叫骂。我母亲来帮忙带孩子，你不喜欢，我认为是婆媳关系难处的问题，所以把她送走了。想着你和自己的父母总没问题了吧，可实际上呢？连你自己的父母也受不了你。我知道你为家里付出很多，但如果一个人付出的同时却对别人施加无限的精神暴力，这付出还有意义吗？"

女孩仍然不甘心："我只是脾气不好，不都是为了一家人好吗？"

丈夫继续说道："如果我也脾气不好，给你很多物质上的满足，但每天早上起来就数落你，中午看见你就骂你，时不时再打你一顿，你觉得这样的生活会快乐吗？每个人都没有理由拿自己的脾气去伤害周围的人。你看，你自己的妈妈都痛哭流涕地离开了，我真的再也受不了所有人都必须围着你转的日子……因为你根本不懂得最基本的人之常情。"

女孩深受触动，于是寻求心理咨询师的帮助。当咨询师指出她控制欲过强时，她才明白自己的问题所在。咨询师告诉她："家是讲情的地方，不是讲理的地方。不管是对父母还是伴侣，先要让他们高兴，其次才是让他们在心情愉悦中接受你讲的道理。"

回到家中，女孩对丈夫说："再给我半年时间，如果半年后我还没有改变，你可以自由地离开。"其实，夫妻二人并非毫无感情，丈夫是出于无奈才提出的离婚，现在他看到妻子有了做出改变的想法，加之两人又有孩子的牵绊，当即同意了。女孩开始主动改变，首先是带着礼物去看望婆婆，诚恳地道歉，并表示随时欢迎婆婆来家里一起住。她还向婆婆坦白了自己之前的偏见，现在明白那只是两代人之间的差异造成的误解。

随后,女孩联系自己的父母,真诚地请求原谅自己的霸道行为。她学会了接受他人的不同意见,不再纠结于细节问题。随着时间的推移,她的自我控制能力越来越强,不再轻易发怒。

由于她的改变,父母的态度也随之转变,客户和员工似乎也更喜欢她了。原来一直不景气的生意逐渐好转,有了可观的利润。半年之后,当她再次询问丈夫是否还想离开时,丈夫笑着说:"恐怕我妈都不同意,她现在可喜欢你了,昨天还说你亲自给她做面膜了……"

通过这次经历,女孩不仅挽救了婚姻,还改善了自己的事业前景。曾经让人避之不及的她,如今成了到处都有熟人愿意主动联系的对象。多年以后,当有人问及促使她如此彻底改变的原因时,她坦诚地说第一功劳并非心理咨询师。经过心理咨询后,她依然没有觉得自己有错,直到有一天遇到了一位从国外归来的分子生物学教授,才有了彻底改变自己的决心。

这位教授发明了一种新的皮肤病治疗方法,在美国非常受欢迎。成本低利润高,女孩决定接触这位教授。教授很懂心理学,察觉到她的心情不好,鼓励她说出原因。教授在听完女孩的倾诉后表示可以合作,但有一个条件:让女孩临时充当他的赞助商总裁助理三天。考虑到产品合作的可能性,女孩答应了。

第一天上班时,女孩发现无论做什么都会受到负面评价。总裁对她的形象表示不满,批评她的妆容过浓且身材需要管理。接着又挑剔她泡咖啡用的不是开水，要求重泡并赔偿咖啡损失。漫长的一天结束后，总裁还指责她工作未达标需加班至晚上八点多。下班后女孩告诉教授实在无法忍受这份工作，但教授劝她再忍一天以完成承诺。

　　第二天情况更糟，无论做什么都会遭到指责。最后快下班时女孩终于忍不住与总裁发生争执并哭着跑出办公室。打电话给教授表示无法继续帮忙，教授安慰说只剩最后一天，如果不帮他就拿不到研发经费也无法为她提供产品支持。女孩想了想决定再坚持一天。

　　第三天早晨刚到办公室，同事们都说她特别漂亮精致优雅令她十分惊讶。见到总裁时对方也表现出惊讶的样子，并邀请她共进午餐希望能成为朋友。这一天过得非常愉快即使有些小失误大家也会帮她找客观原因解释并非主观过错。下班时总裁甚至提出开车送她回家，并称赞她不仅气质迷人，而且聪明，只要努力将来定能取得巨大成就。

　　女孩将这三天的经历告诉了教授后，教授笑着解释道："平时你就是用前两天遇到的那种态度对待身边人的。"这句话让女孩恍然大悟，意识到自己总是习惯性地批判他人而从未考虑过他人的感受。教授进一步指出："没有人有权利用自己的标准去伤害他人，即便一无所有还可以选择赞美他人让他人开心，这样他人也会喜欢你。其实所谓的拍马屁就是学会赞美、欣赏。每个人都有优缺点，只要不是原则性问题都应该包容。像你这么聪明漂亮的女孩还有什么学不会的呢,顺便告诉你,你去的地方是我一个朋友的心理治疗室。"

这次经历让女孩彻底醒悟了,确实没有任何人有理由通过言行伤害他人,即使是最亲近的家人也无法忍受这样的伤害。家是讲感情的地方,当有矛盾时可以退一步,让自己冷静下来再解决问题。

收起愤怒，不要咄咄逼人

2015年8月，温州市区第一桥的一家名为"火锅先生"的火锅店内，发生了一起震惊社会的暴力事件。该事件不仅给受害者带来了严重的身体伤害，也引发了公众对于服务业服务态度、冲突处理以及情绪管理等方面的深刻反思。

当晚6点50分左右，林某带母亲、妹妹和一名男孩在一火锅店就餐。林某在用餐过程中发现火锅的汤底少了。"喂，过来加水。"她对服务员朱某说。但由于朱某正在忙服务其他客人，未能立即满足林某的要求，这成了整个事件的导火索。

林某等待了一段时间后，见汤底仍未得到补充，不满情绪逐渐累积。当朱某终于带着水壶给林某加水时，林某对朱某的服务态度表达了强烈的不满，并指责朱某工作效率低下。朱某说："请你不要把你的情绪带到我的工作中。"林某很是气愤，坚持要求投诉朱某，并声称要通过社交媒体曝光此事。她随后在微博上发帖，"艾特"了

第三章 一个人最好的修养，是情绪稳定

该火锅店的老板，详细描述了她的不满。火锅店经理得知此事后，将朱某唤至后厨，告知了林某投诉的情况。朱某对林某的咄咄逼人已经达到愤怒。

朱某返回林某餐桌旁，他要求林某删除微博上的投诉，但林某拒绝了他的要求，并继续用侮辱性的语言辱骂朱某。据目击者称，林某的辱骂可能涉及朱某的母亲。由于朱某从小缺少母爱，母亲是他的底线，林某的辱骂，彻底激怒了朱某。他回到厨房，用塑料盒盛来开水，从林某身后将开水淋到她身上。林某瞬间被开水烫伤，全身冒烟，皮肤迅速起了水泡。随后，朱某将林某连人带椅拉倒在地，并进行了殴打。林某的家人见状立即上前阻拦，火锅店内的其他顾客和服务员也纷纷加入，试图制止这场暴力事件。最终，朱某被众人制服，林某则被紧急送往医院接受治疗。经医生诊断，林某全身42%的面积被烫伤，包括头脸、颈部、躯干和四肢等多处。

这起火锅店伤人事件不仅给受害者带来了身体上的伤害和心理上的创伤，也引发了公众对于如何正确处理冲突、如何加强服务业从业人员培训，以及如何提高公众情绪管理能力等方面的深刻思考。

从"幸福者退让原则"的角度来看，林某和朱某都未能践行这一原则。林某在争执中选择了继续挑衅和辱骂，气势咄咄逼人。林某和家人一起用餐，应该是很幸福和谐的，如果她退一步，不辱骂服务员的母亲，不激起他的怒火，结局应该是一次愉快的家庭聚会，而不至于被烫伤。而朱某正值青春，有美好前程，如果退一步则不必自毁前程。如果双方能够意识到自己的幸福生活比一时的愤怒更重要，选择退让并寻求和平解决的方式，这场悲剧或许可以避免。

生活中经常会出现令人气愤的事情，有了情绪，应及时发泄、转移，生气最忌讳的是压抑与强化，而故事中的服务员恰恰犯了这个忌讳。他的情绪在心中不断积压，像滚雪球般越滚越大，最终变得无法控制。长期的情绪积压会导致身心各方面的并发症，如暴躁、易怒甚至更严重的心理问题，这些问题会进一步恶化他的生活质量。生活中的很多悲剧让我们深刻认识到，情绪管理的重要性不容忽视。我们应当学会适时发泄和转移负面情绪，避免让它们在心中积累成疾，从而保持身心健康。

1. 保持冷静与理性：在面对冲突时，首先要保持冷静和理性，避免情绪化的反应。通过深呼吸、暂时离开冲突现场等方式，帮助自己平复情绪。

2. 评估风险与后果：在决定是否退让之前，要评估潜在的风险和后果。权衡利弊得失，避免因小失大。

3. 采取和平方式解决问题：尽量通过沟通、协商或调解等和平方式解决问题。寻求双方都能接受的解决方案，避免激化矛盾。

4. 珍视幸福生活：时刻提醒自己珍视现有的幸福生活。不要因为一时的冲动或愤怒而损害自己的幸福。

我们应该时刻铭记"幸福者退让原则"，以平和、理性的态度面对冲突和挑衅。通过采取保持冷静、评估风险、采取和平方式解决问题以及珍视幸福生活等方式，我们可以避免类似的悲剧再次发生。

以和为贵，得饶人处且饶人

"幸福者退让原则"作为一种人生哲学与处世态度，不仅体现了个体对他人的尊重与理解，更深层次地反映了人生境界、生活体验乃至整个社会的深刻洞察与智慧应对。因此，以一颗慈悲为怀的心去宽宥他人的无心之失或有意过错，不仅是对他人的一种仁慈，更是对自我心灵的一种温柔呵护。

一位居住在乡下的老人，于新年伊始之际，遭遇了一场意想不到的"恶作剧"——自家门前竟被放置了一个装有骨灰的陶罐，这无疑为喜庆的日子蒙上了一层阴影。然而，这位老人并未如常人般愤怒与诅咒，反而以一种超乎寻常的冷静与理智，将这份不祥之物转化为生机——他将陶罐中的土壤播撒于田间，并精心栽种下一株梅花树苗。待来年花开时节，他悄然将绽放的梅花送至那位匿名"施害者"的门前，以此无声的行动传达了宽恕与和解的信息。最终，那位曾对老人心怀芥蒂的邻人被这份大度与智慧感动，主动登门致歉，承认了自己的狭隘与过错。

这一故事深刻揭示了宽容在化解矛盾、促进和谐方面的巨大潜力。它告诉我们，当面对他人的不当行为时，若能保持冷静与理智，不为负面情绪所左右，而是以一种平和的方式去处理问题，往往能够收获意想不到的积极结果。

在一个阳光明媚的午后，运动场的场馆内，一位面露歉意的工作人员正轻声安抚着一个年仅四岁的孩子，这个孩子由于经历了一场突如其来的惊吓而号啕大哭。

原来，那天运动场来了很多儿童，而这位工作人员在结束了儿童网球课后，因一时疏忽，在清点人数时遗漏了一个孩子，导致他独自留在了偏远的网球场。直到工作人员察觉到人数不符，才迅速返回网球场，将那个被遗忘的孩子带回。由于孩子独自待在空旷的网球场的一个角落里，受到了极大的惊吓，因此哭得稀里哗啦。

就在这时，孩子的妈妈出现了。她目睹自己的孩子哭得如此可怜，心中充满了无尽的心疼与愤怒。然而，她并没有因此失去理智，而是蹲下身来，温柔地安慰着自己四岁的孩子。同时，她还告诉孩子："好了，现在已经没事了，你已经安全地回到了妈妈的身边。但是，那位姐姐刚刚因为你的失踪而感到非常难过和紧张，她并不是故意的。所以，你现在应该亲亲那位姐姐，给她一些安慰！"

果然，这个四岁的孩子听话地踮起脚尖，亲吻了一直蹲在他身旁的工作人员的脸颊，并且还轻轻地对她耳语道："不要害怕，已经没事了！"

　　试想，如果这位妈妈心胸不够宽广，选择痛骂那位工作人员，或者是直接向主管提投诉，甚至带着一肚子怨气将孩子带走，从此不再让孩子参加这个"儿童俱乐部"，难免会对孩子产生潜移默化的影响，让他学会得理不饶人，从而失去一份退让和宽容的品格。

　　这位母亲的做法是智慧的，她懂得运用"幸福者退让原则"来处理眼前的事情，她能够从生活的点滴细节着手，培养出一个宽容、体贴他人的孩子。她深知，学会让步不仅能够为别人解开心灵之锁，也能为自己带来一份内心的宁静与平和。正如沙粒进入蚌的体内一样，虽然蚌觉得不舒服，但它却无法将沙粒排出。于是，蚌就用自己体内的营养将沙粒包围起来，最终沙粒变成了美丽的珍珠。同样地，吸血蝙蝠叮在野马的脚上吸血时，野马也觉得不舒服。然而，它又无法将吸血蝙蝠赶走。于是，野马就开始暴跳狂奔，结果不少野马都被活活折磨而死。而科学家经过研究发现，吸血蝙蝠所吸的血其实非常少，根本不足以致野马死亡。真正夺取野马生命的，恰恰是它们自己的暴怒和狂奔。

　　当我们在生活中遇到不顺心的事情时，就应该像蚌一样，用"蚌"的肚量去包容一切不如意的事情，千万不要像野马那样，遇到不如意的事情就暴跳如雷，因为那样只会让自己更加痛苦。

　　放下心中的包袱，做一个懂得宽容的人吧！善待他人、善待生活的同时，你也在善待你自己。因为你的退让不仅是一种美德，更是一种智慧——一种能够让我们在纷繁复杂的世界中找到内心平静与幸福的力量。

矛盾面前,各退一步

忍一时风平浪静,退一步海阔天空。其实,在很多事情面前,需要我们学会忍。这时的善让,不是软弱的表现,而是显示出你的大度和胸怀。很多时候,忍让能够避免冲突,换来和睦。

生活中,常见到同事、邻里、夫妻之间,为了一点点小事引发争执,以致恶言相向,拳脚相加,甚至诉诸法庭,最后两败俱伤,旁观者都为之惋惜。当事人冷静下来后,也往往会心生悔意,认为这样做太不值得了。如果每个人都能想到当时能冷静一点,理智地对待,有一点宽容精神,再大的事也会化干戈为玉帛。

一天下午,当海利驾驶着蓝色的宝马回到公寓的地下车库时,发现了那辆黄色的法拉利又停在了离他的泊位非常近的地方。"为什么总是不给我留地方?"海利心中很是不满。

这天,海利驾车回家,停车的时候那辆黄色的法拉利并未在场。当他正想关掉发动机时,那辆黄色的法拉利开了进来,驾车人像以

第三章　一个人最好的修养，是情绪稳定

往那样把车紧紧贴着海利的车停下。

由于在单位被领导批评，海利那天的情绪非常糟糕。这正好给了他一个发泄的机会，于是，忍耐多时的海利终于爆发了。他对着黄色法拉利的主人大声喊道："你是不是可以给我留些地方？能不能离我远些？"

黄色法拉利的主人也不是省油的灯，她尖着嗓门，瞪圆双眼回敬海利："和谁说话呢？"

海利心想："我会让你尝尝我的厉害。"

第二天，海利停车时，黄色的法拉利还没回来，哈利把车子紧挨着她的车位停下，心想："这下她也会因为水泥柱子而打不开另一侧车门了。"

接下来的几天里，这辆黄色的法拉利的主人也不甘示弱，她每天都先于海利回到车库，逼得海利苦不堪言。

事情陷入了僵局，两个人暗自较劲，谁也不肯退让一步。

"这样下去不行，得想一个解决方案。"海利想。

第二天早晨，黄色法拉利的女主人刚走到车子前，就发现挡风玻璃上放着一封信，这样写道：

亲爱的黄色法拉利：

　　很抱歉那天我的男主人向你的女主人大喊大叫。他并不是有意的，这不是他惯有的作风，只是那天他刚刚被领导否决了一份方案。我希望你和你的女主人能够原谅他。

你的邻居
蓝色宝马

第二天早晨，海利走进车库，一眼就发现了挡风玻璃上的回信，他迫不及待地抽出信纸，读了起来——

亲爱的蓝色宝马：
  我的女主人这些日子也一直心烦意乱，因为她刚学会驾驶汽车，还没掌握好停车的技巧。我的女主人很高兴收到你的来信，她也会成为你们的好朋友的。

你的邻居
黄色法拉利

从那以后，剑拔弩张的气氛终于没有了，每当蓝色的宝马和黄色的法拉利再相见时，驾车主人都会微笑着打招呼。

正所谓"让三分心平气和，退一步海阔天空"，平和的关系无论是对他人还是对自己，都有百利而无一害。因此，生活中的智者，在遇到一些看起来让人生气的事情时往往能够将忍让作为首选，而不是针锋相对。

然而，也有些人缺乏让步精神，因为在他们看来，忍让就是窝囊，他们担心自己的忍让被人当作随意捏的"软柿子"。其实，忍让是一种"不计个人得失"的大度，是一种"给他人台阶下"的善良，也是一种"风雨不折腰"的坚强。退一步，自己就会免除好多烦恼；退一步，小矛盾便不会发展成大问题；退一步，彼此关系便不会出现裂痕；退一步，自己就会成为受欢迎的人，因此，要时刻提醒自己学会让步。睚眦必报在伤害他人的同时也可能会伤害了自己，尤其是当对方是你的对手、仇人，或是有意要气你、激你，这时，如果你不忍气制怒，头脑失去清醒，就很可能被人牵着鼻子走。

"路径窄处留一步与人行，滋味浓时减三分让人尝。"善让是理性的以柔克刚，以退为进。能让者，大多意志坚韧，具有良好的心理素质与道德品质，能得到别人的拥护与尊敬，往往能成就大事业。

我们生活在这样的现实之中，每天都要与各种各样的人打交道，适度的让步对我们保持愉快心情大有好处；适度的忍让才是善让，可以以柔克刚，避免因恶而生事；适度的忍让，是开明者的善让，是文明人的礼让，是虚心者的谦让，是识时务者赢得好人缘的法宝。

别让自己成为"高压锅"

  愤怒容易使人失去理智。它往往能够迅速占据人的心智，导致理性思考能力的显著下降。在这种情绪的驱使下，我们可能会做出冲动的决定或行为，这些行为的后果往往是灾难性的，难以挽回。历史上，许多悲剧事件和冲突都是由愤怒失控引发的。

  愤怒不仅对个人有害，还可能波及家庭和社会。当一个人在愤怒中失去理智时，他的行为可能会伤害到他所爱的人，破坏家庭的和谐与稳定。此外，愤怒还可能导致职场冲突、社会不和甚至暴力事件，对社会造成更广泛的影响。在某些情况下，如果因愤怒而导致的行为造成了严重后果，如人身伤害或财产损失，那么这种行为就可能构成法律责任，成为犯罪行为。因此，控制愤怒是每个人社会责任的一部分。学会管理自己的情绪，避免在愤怒的驱使下冲动行事。

  张某与其友人共同在一家砖厂从事驾驶工作，负责运输砖块。

第三章 一个人最好的修养，是情绪稳定

某日早8时许，二人驾驶农用车辆前往邻近的照明设备制造企业进行货物交付。由于在卸货后未及时关闭引擎，不慎与另一辆静止状态的农用车发生轻微碰撞，导致对方车辆的大灯及反光镜等部件受损。事故发生后，双方迅速就赔偿问题达成一致意见，受害方委托张某搭载自己的妻子前往市区采购所需更换的零件。

然而，在连续询问两家汽配商店均未能找到合适配件的情况下，张某心情越发焦躁不安。此时，车内对方的妻子不断抱怨，进一步激化了紧张气氛。正当张某试图保持冷静之际，车辆却意外熄火，彻底点燃了他内心的怒火。冲动之下，张某强行打开副驾驶侧门，将女子拉出车外，给她留下30元钱让她打车回去。面对此景，女子坚决拒绝离开。

当张某将车开上桥时，女子紧紧抓住车门不放，同时大声呼救。失去理智的张某猛然加速行驶，企图摆脱纠缠，结果导致女子重重摔倒，且其身体遭到汽车后轮碾压，当即死亡。张某意识到自己铸成大错，随即逃离现场并将涉案车辆隐藏起来。通过公安机关的追查，张某很快被捕获归案，等待他的将是法律的严惩。

只是为了生活中的一些小事，一个生命就这样消失了，一个大好青年就这样身陷囹圄。如果双方当时都能对自己的情绪稍加控制，这起命案就不会发生了。

在现实生活中，存在不少像张某这样易于冲动的人。这类人往往在情绪波动时，难以控制自身的行为，倾向于说出伤人的话语或

做出令人不快的举动，甚至不惜违反法律法规。这种现象背后的原因可以归结为人类情感中的"情绪化"特征。

理论上讲，人类的行为应当是有目的、有计划且经过深思熟虑的，这是区分人与动物的关键要素之一；然而，当人们为情绪所主导时，这些理性的原则可能会被抛诸脑后，导致个人完全跟随即时感受行事。一旦遇到挫折或不满，内心的负面情绪便会如同充满气的皮球般迅速膨胀并爆发出来；特别是当个人的心理需求得不到满足时，更容易引发极端愤怒的情绪反应。对于那些情绪波动较大的人而言，应该如何控制自己的情绪呢？

1. 需要学习如何正确地理解和处理矛盾冲突。许多因情绪失控而产生的行为，其实源于缺乏有效的问题解决技巧，以及对人际关系中存在的分歧缺乏正确认知。因此，掌握科学的问题分析方法尤为重要，避免采取过激手段解决问题，否则只会加剧自身的暴躁情绪，使局面进一步恶化。

2. 培养全面审视问题的能力。不仅要看到表面现象，更要深入挖掘其背后的原因；尽量从多个角度出发思考问题，寻找积极正面的因素，保持乐观向上的心态面对挑战。

3. 合理宣泄负面情绪。通过健康的方式释放压力，如运动、倾诉等方法，防止自己成为随时可能爆炸的"高压锅"。

对于每个人来说，学会管理好自己的情绪都是至关重要的。它不仅有助于维护良好的人际关系，还能促进个人心理健康成长。通过不断学习和实践，我们可以更好地掌控自己的情绪，从而在生活中游刃有余，减少不必要的麻烦和困扰。

第四章

洞悉他人心理，打开上帝之眼

洞悉内心：找麻烦的人在想什么

在生活中，大家应该都耳闻目睹或自己遇到过一些故意找麻烦的人。他们或是无事生非，或是因一点鸡毛蒜皮的事情就小题大做，没完没了。遇到这样的人，如果我们能够透过行为的表面，洞察其内心世界，或许就能够避免不必要的纷争，甚至化解潜在的矛盾。故意找麻烦的人古往今来都不少见，我们先来看一个发生在曾国藩身上的案例。

曾国藩在长沙书院读书时，有一位性情暴躁的同学。这同学，时常因琐事动怒，言辞尖锐，令人难以亲近。一日，阳光洒进教室，却因曾国藩的书桌紧挨窗边，阻挡了阳光，那同学不满地嚷道："光线都被你挡住了，我们还怎么安心读书？"他不容分说，硬是让曾国藩将书桌移至角落。面对无端指责，曾国藩默默地把桌子搬到角落，心中波澜不惊。

夜深人静时，曾国藩常伴孤灯，埋头苦读。然而，这宁静的夜晚也未能逃脱那同学的苛责:"深夜苦读,吵得人无法安眠。"言罢,曾国藩便轻声细语地默念书文,不让一丝声响打扰他人。

时光荏苒,曾国藩凭借不懈的努力,终于金榜题名,中了举人。消息传来,那位同学非但没有丝毫祝贺之意,反而酸溜溜地说:"他不过是沾了我的光,占了我的风水罢了。"此言一出,众人皆为曾国藩打抱不平,认为那同学心胸过于狭隘。然而,曾国藩听闻后,只是淡然一笑,宽慰众人:"他性子如此,随他去吧。与其争执不休,不如专注于自己的路。"

这位同学本来想借打压别人来抬高自己。面对这个人的无端挑衅,曾国藩以豁达之心平静地化解了纷争,将宝贵的时间和精力用在了更重要的事情上。

在如今我们的生活中,那些喜欢无理取闹、故意找碴儿的人更是屡见不鲜。

在一家超市里,A顾客在挑选水果时不小心碰到了B顾客的购物车。A顾客立刻道歉,但B顾客却不依不饶,指责A顾客不长眼睛,还说购物车里的东西可能被碰坏了,要求A顾客赔偿。尽管购物车里的物品并没有任何损坏迹象,但他依旧纠缠不休,甚至在超市里大声喧哗,引起了很多人的围观。

案例中那位找事的B顾客,其实心里明白自己的要求并不合理。他之所以这么做,不过是想在众人面前出出风头,显示自己有多么厉害。他享受着别人投来的异样目光,无论是好奇、同情还是鄙视,都让他感到一种莫名的满足。在他看来,这就像是一场游戏,而他就是那个掌控全局的玩家。

当我们遇到这类人时,要洞悉他在想什么,从他的行为入手。通常,这类人会有一些典型的行为模式,如频繁的批评、无理的要求或是故意的挑衅。这些行为背后可能隐藏着多种心理动机。

1. 他在寻求关注。有些人通过制造冲突来吸引他人的目光,这可能是因为他在其他方面感到被忽视或缺乏成就感。在这种情况下,他的行为是想引起他人关注。

2. 他在试图控制局面。通过挑起争端,他想在某种程度上掌控局势,让自己处于优势地位。这种行为可能源于对权力的渴望。

3. 他在发泄自己的情绪。当一个人因挫折或压力长时间情绪压抑时,就可能因为某个"导火索"在不适当的时候发泄自己的情绪。这种情况下,他的行为更多是自我发泄的一种方式,而非真正针对某一个人。

4. 他在测试你的反应。有些人喜欢通过挑战他人的底线来探索对方的弱点。这种行为可能是对自身能力的不信任,或是对他人的尊重缺失。

面对这样的行为,我们应该如何应对?关键在于保持冷静。当你遇到挑衅时,先深呼吸稳定情绪,不要立即反应。给自己时间去分析对方的动机,这样你就不会轻易落入对方设下的"陷阱"。你可以尝试对话来解决问题,用平和的语气询问对方的意图,这样可以表明你愿意倾听而不是对抗。同时，这也给了对方一个机会来解释自己的行为，可能会发现他们的挑衅并非针对你个人。

如果对方持续挑衅，设定界限是很重要的。明确告诉对方哪些行为是你可以接受的，哪些是不可以的。这样做可以帮助保护你自己，同时也让对方知道他们的行为是有后果的。

洞悉一个找麻烦的人在想什么并不容易，但通过观察他们的行为和分析可能存在的心理动机，我们可以更好地理解他们的行为模式。在面对挑衅时，保持冷静、进行对话、设定界限等都是避免冲突的有效策略。记住，我们无法控制他人的行为，但我们可以控制自己的反应。通过这种方式，我们可以维护自己的尊严和内心的平静，同时也为建立更和谐的人际关系打下基础。

保持冷静：不要试图激怒别人

在人际交往中我们要切记，不要试图去激怒别人，因为一旦怒火被点燃，那份怨恨可能会像烙印一般，深深地刻印在对方心中，成为一道难以愈合的伤痕，让你在不经意间便成为其一生记恨的对象。这样的代价，无疑是沉重且不必要的。

同样，面对他人的不足或过错，我们也应克制住随意指责的冲动。以一颗宽容的心去理解对方，用同理心去感知他们的难处与不易，这样的做法更能促进心灵的沟通，搭建起和谐的桥梁。

2024 年 8 月，山东省高密市密水街道的夜市灯火通明，人声鼎沸，然而一场突如其来的暴力事件打破了这份宁静。犯罪嫌疑人马某与受害人王某因摊位摆放问题发生激烈争执，最终演变为一起砍人事件，导致王某不幸身亡。

据了解，王某与妻子在高密夜市摆摊已有一周，他们选择售卖年轻人喜欢的小零食，生意还算不错。然而，8 月 28 日这天，王某因白天有事未能出摊，直到傍晚才赶到夜市。当他发现自己的摊位被马某占据时，情绪瞬间爆发。

"这个摊位是我的！我今天不过是白天没来，你就把我的摊位给抢了吗？"王某愤怒地指责马某。马某也毫不示弱，反驳道："这块地难道写了你的名字吗？凭什么说是你的就是你的？"两人因此争执不下，言辞越发激烈，情绪逐渐失控。在两人争执的过程王某的妻子和孩子也在现场。

在争执过程中，王某选择了报警，希望通过警方来解决问题。然而，马某听闻王某报警后，情绪更加激动，试图离开现场。王某见状，上前阻拦，两人因此再次发生冲突。

此时，马某的情绪已经完全失控，他从摊位下抽出了一把锋利的砍刀，恶狠狠地冲向王某。面对手持砍刀的马某，王某或许有过一丝恐惧，或许他认为在大庭广众之下，对方并不敢行凶，而且周围有很多围观者，于是对马某说"有本事你砍死我"。这句话激怒了马某，愤怒的马某挥舞着砍刀，朝着王某的脖子猛砍下去。

一声惨叫后，王某的颈部大动脉被砍断，鲜血喷涌而出，倒地不起。周围市民被这突如其来的暴力行为吓得目瞪口呆，纷纷惊呼、躲避。有人迅速报警，警方和医护人员很快赶到现场。然而，由于伤势过重，王某已经失去了生命体征。

这起砍人事件不仅给受害者家庭带来了无尽的痛苦和悲伤，也给整个社会带来了极大的震撼和不安。在这起事件中，王某原本拥有一个令人羡慕的家庭：夫妻恩爱，孩子健康，创业顺利。然而，仅仅因为一个摊位的位置，王某与人发生了争执。在争执中，双方情绪逐渐失控，最终导致了对方挥刀相向，王某命丧当场。这场悲剧的根源，就在于双方都没有能够冷静地处理这起争端，而是任由情绪升级，最终酿成了无法挽回的后果。

在日常生活中，我们应该学会控制自己的情绪，避免因为一时冲动而做出过激行为。同时，在面对矛盾和争执时，我们应该保持冷静和理智，通过合理合法的途径解决问题。只有这样，我们才能共同营造一个和谐、安全的社会环境。

我们永远不应去激怒一个情绪激动的人。

1. 人的情绪是极其复杂且难以预测的。在争执中，一旦有一方被激怒，他就可能会做出超出常理的举动，甚至不惜以暴力来解决问题。

2. 争执往往没有赢家。即使你在争执中暂时占了上风，但你也可能因此失去了更多。在"高密砍人事件"中，王某虽然坚持了自己的摊位位置，但他却因此付出了生命的代价。而他的家庭，也因此陷入了无尽的悲痛之中。这样的结果，显然是任何人都无法接受的。

3. 退让并非软弱，而是一种智慧和成熟。在面对争执时，我们完全可以选择用更加温和、理性的方式来解决问题。通过沟通、协商或者寻求第三方的帮助，我们往往能够找到更加妥善的解决方案。

这样不仅能够避免冲突升级,还能够保护自己和家人的幸福和安全。

我们应该时刻铭记"幸福者退让原则"的重要性。在面对外界的挑衅或冲突时,我们应该保持冷静和理智,主动选择退让以避免不必要的争执和冲突。只有这样,我们才能够真正地守护住自己的幸福生活,不让一时的冲动和争执毁掉我们拥有的一切。

以退为进：轻松化解职场危机

在职场中，人与人之间的关系是微妙的。同事之间的和谐相处不仅能够提升工作效率，还能营造一个积极向上的工作氛围。然而，有时候我们可能会遇到一些不如意的情况，如发现同事突然改变了态度，不再像以前那样友好，甚至开始刁难并排挤你。这种情况无疑会给个人带来困扰和压力，因此，我们需要正视这一现象，并采取相应的措施来应对。

我们要认识到职场排挤的存在。排挤指的是一种故意排斥、孤立或贬低同事的行为。这种行为可能源于多种原因，如竞争关系、嫉妒心理、利益冲突等。无论原因如何，职场排挤都会对被排挤者造成心理压力和工作困扰。

新入职的林浅，是单位里一颗耀眼的新星。她拥有海外名校的高学历，家族背景深厚，相貌更是出众，才华横溢，仿佛所有的光环都集中在了她一人身上。

初入职场，林浅满怀激情，准备大展拳脚。然而，她很快发现，同事们的眼神中除了欣赏，还夹杂着几分不易察觉的妒忌。在一次项目讨论会上，林浅提出了一个极具创意的方案，本以为会得到大家的赞赏，没想到换来的却是沉默和冷淡的回应。私下里，她听到有同事议论："不就是靠背景吗，有什么了不起。"

渐渐地，林浅发现自己被排挤在了团队之外。团队聚餐，她总是最后一个被通知；工作讨论，她的意见总是被轻描淡写地掠过。这种无形的孤立，让林浅倍感失落。

面对排挤，林浅没有选择针锋相对，而是想起了父亲曾教导她的"幸福者退让原则"——在纷扰中保持谦逊，以退为进，方能收获真正的幸福与尊重。于是，她开始调整自己的态度，主动与同事沟通，倾听他们的想法，甚至在关键时刻，主动让出自己的风头，让同事有机会展现自己。

林浅的退让，并非软弱，而是一种智慧。她用自己的行动证明，真正的才华与魅力，不在于争夺与炫耀，而在于懂得尊重与包容。渐渐地，同事们开始被她的真诚与谦逊打动，排挤与妒忌逐渐消散，团队氛围变得和谐而融洽。

面对职场排挤，我们要保持冷静和理智。不要因为同事的态度改变而情绪失控或采取过激行为。我们可以通过自我反省来找出可能导致同事改变态度的原因，并尝试与对方沟通解决。

很多人在职场中遭受同事排挤，背后往往隐藏着复杂的缘由。

这些缘由，可归结为几大类别：

1. 近期实现了连续的晋升，这一显著成就难免招致同事间的嫉妒，进而引发群体性的排挤行为。

2. 作为新入职的员工，你拥有令人瞩目的资本。比如高学历、深厚的背景资源、出众的外貌以及卓越的才能。这些优势在为你赢得初入职场的瞩目之时，也能诱发嫉妒心理，进而引发排挤。

3. 雇用你的人背景可能并不简单，他或许在公司内部是尽人皆知的"争议人物"，这种身份背景无形中让你成了"替罪羊"，无辜承受了来自同事的偏见与排斥。

4. 个人风格与行为习惯也是不可忽视的因素。若你在着装、言谈举止上过于标新立异，或是过于热衷于展现自我，可能会被视为不合群或爱出风头，从而引发同事的不满与疏远。

5. 职场中的社交艺术同样重要。你若过分专注于讨好上级，而忽视了与同事间的日常交流与关系建立，这种失衡的交往模式同样会破坏职场生态，导致孤立无援的局面。

6. 利益的冲突是职场排挤最直接的原因。你在职业发展上的迅速进步，可能直接或间接地妨碍了其他同事在晋升、加薪等方面的利益诉求，这种竞争关系在无形中加剧了排挤现象。

面对上述情形，你若属于前两种情况，应理解"木秀于林，风必摧之"的道理，保持谦逊与和蔼，通过日常的积极互动，让同事感受到你的真诚与善良，从而逐渐消除误解与隔阂。同时，培养聊天技巧，融入同事间的日常交流，是增进理解、改善关系的有效途径。

对于第三种情况，你需寻找合适时机，向同事澄清自己加入公司的初衷仅源于对工作的热爱，与上司的个人关系并无瓜葛，以此消除误会，赢得接纳。

针对第四、五种情况，你应深刻反思，适当调整个人风格与社交策略，避免过度张扬，学会倾听与融入，同时注重着装得体，既展现专业形象，又不失亲和力，以免成为众矢之的。

至于第六种情况，你需深刻理解职场竞争的本质，认识到奖励与机会总是有限，而真正的智慧在于如何平衡个人追求与团队协作，学会在争取权益的同时，也尊重他人的努力与贡献。记住，"命里有时终须有，命里无时莫强求"，懂得适时退让，方能收获更长久的幸福与和谐。

很多成功者之所以能在复杂多变的职场环境中保持内心的平和与满足，很大程度上得益于他们深谙退让之道，懂得在利益面前保持谦逊，在竞争与合作中找到平衡点，从而在人际关系的网络中找到自己的坐标。

有效沟通:放低姿态并从中获益

在职场,很多被提升的人都受到过同事们的嫉妒,这不是"中国特产",恐怕古今中外莫不如此,只不过其具体表现形式与激烈程度因文化、时代有所差异。修养深的人或许会以更为含蓄的方式表达,而修养欠缺者则可能表现得更为直接和明显。其根源在于,多数人内心深处都坚信自己是出类拔萃、才华横溢的,是晋升的最佳候选人。当这一期望落空,尤其是看到职位被他们认为才华、资历均不如自己的人占据时,委屈与不甘的情绪便难以平复。即便勉强承认新主管的能力超群,但昔日同事摇身一变成为上司,从情感层面依然难以接受,进而可能无端地滋生敌意。

面对这一挑战,如何与曾经的同事维系和谐关系,成为每位新晋管理者必须面对的课题。著名管理学家帕金森曾深刻指出:"一位新晋管理者必须采取一切恰当手段,展现出谦逊与亲和,切勿显得傲慢无礼,更不应忘记那些曾经并肩的战友。"为此,坦诚沟通不失为一种明智之举。与旧同事进行一场开诚布公的对话，主动征求他们对于此次人事变动的看法，鼓励他们畅所欲言，将内心的真实感受一吐为快。即便双方无法立即达成共识，彻底消除其不满情绪，但至少能让对方有机会宣泄情绪，避免其在背后议论纷纷。

更重要的是，这样的公开交流为双方奠定了坦诚相待的基础，为后续沟通铺平了道路。即便对方不愿吐露心声，至少也能感受到新主管的友好姿态与尊重，为未来的合作打下良好的基础。

在美国享有盛誉的英特尔企业，其卓越的领航者葛鲁夫先生在荣膺总裁一职后，采取了一项明智的举措：逐一与昔日并肩作战的同人进行深入交流。他以一种诚恳而直白的态度，征询他们对于自己职位晋升的真实观感。在这番诚恳的征询中，反响各异，一部分同事展现出了全力配合的姿态，表达了积极的支持；另一部分同事则淡然处之，以耸肩作为回应，显得颇为超脱；尤为引人注目的是，一位经理直言不讳地表达了自己的不悦，并坦言很难合作。面对此番复杂多变的反馈，葛鲁夫先生虽略显尴尬，但仍以一句"期待未来合作能充满和谐"作为回应，展现了其宽广的胸襟。

尽管这次沟通的初步尝试并未完全成功，但它无疑为双方搭建了沟通的桥梁，让彼此的心扉得以敞开。那位起初持保留意见的经理，虽然在初期与葛鲁夫先生的合作中偶现波澜，但随着时间的推移，双方的关系逐渐趋于和谐。

葛鲁夫给我们展现出了一幅"幸福者退让原则"在实际工作中

的生动图景。这一原则强调在追求共同目标的过程中，通过理解与包容，化解分歧，促进团队内部的和谐与协作。

在职场晋升的道路上，我们难免会遇到一些因不敢坦诚交流而引发的教训。例如，在某个组织中，当某人获得晋升后，其一位同事深感不服，坚信自己的能力与水平远超于晋升者。然而，这位晋升者却未能勇敢地邀请其同事坦诚分享看法，担心对方可能出言不逊，导致场面尴尬，甚至引发争执。因此，这位心怀不满的同事选择在背后散布谣言，称晋升者是靠"谄媚上司"才得以晋升，从而加剧了双方关系的紧张。经过长时间的冷战与误解，双方关系才逐渐缓和。如今反思，如果当初双方能够坦诚相待，给予对方一个表达不满与苦闷的机会，或许就能避免那段曲折的历程。总而言之，在职场中，坦诚沟通远比将烦恼与郁闷深埋心底更为明智。

此外，应淡化"官本位"思想，对于新晋管理者而言至关重要。这意味着在日常工作中，应尽量避免摆出一副高高在上的官架子，而是努力融入团队，与昔日的同事保持亲密无间的关系。例如，可以像过去一样与下属共进午餐、共同参与团队活动，甚至主动承担一些如打水、扫地、取送文件等琐碎事务。这些看似微不足道的举动，实则能够极大地影响同事对你的看法。以往，不参与这些杂事可能只会被视为懒惰或不自觉，但现在，若仍置身事外，则可能被解读为摆官架子、需要他人伺候。

在分配工作任务时，应尽量采用商量的口吻，如"你有空的话，能否麻烦你去一趟？"若下属拒绝接受任务，也应以平和的语气询问其理由，而非大发雷霆。在进行批评时，更需注意场合与分寸，确保语气稳妥。只要下属感受到，即使你成为管理者，依然是他们中的一员，那么你的管理便已成功了一半。这并非委曲求全或姑息迁就，而是因为在初任管理者时，同事们往往尚未接受你的新角色。为了减少抵触情绪，而采取以退为进的方法，是为了维护团队的和谐与稳定。一旦你站稳了脚跟，便可以更加自信地进行管理，因为此时同事们已经对你产生了信任与尊重。

　　再者，作为新晋管理者，应胸襟开阔，以德报怨，以诚待人。无论昔日同事如何不友好，你都应一笑置之，不追根究底。用你的热情与诚恳去感化他们的心。正如俗话所说，"宰相肚里能撑船"，在面对冲突与矛盾时，不妨退一步，避免意气用事。虽然有些人可能难以改变，甚至固执己见，但大多数人是通情达理的，他们会被你的大度与宽容感动。要相信，心诚则灵。此外，作为新任管理者，你潜意识里可能对这份新工作存在一定的恐惧与不安。下属无意识的言行可能会加剧你的敏感与焦虑。因此，更应注重培养自己的胸襟与气度，以更加成熟和稳健的姿态面对职场挑战。

第四章　洞悉他人心理，打开上帝之眼

给人尊严：让难题迎刃而解

在与人交往中，人的面子如同黄金一般珍贵，是尊严与自尊的体现，极为重要且不容侵犯。因此，在日常的为人处世中，我们要学会观察周围人的情绪变化，从而在交谈中不要伤及他人的面子。面对他人的过错，我们不宜横加指责，而应怀着一颗包容的心，以温和的方式提醒和引导，避免让对方在众人面前尴尬。同样，即使自己站在真理的一边，手握确凿的证据，也不应得理不让人，咄咄逼人，而应展现出谦逊与大度，用理解与尊重搭建沟通的桥梁。这样，我们不仅能维护他人的尊严，更能赢得他人的尊重与信任，促进人际关系的和谐发展。

一位姑娘好不容易才找到一份在高级珠宝店当售货员的工作。在圣诞节前一天，店里来了一个中年顾客，他衣着破旧，满脸哀愁，目不转睛地盯着玻璃柜内的那些高档首饰。

当这个售货员去接电话时，一不小心把一个碟子碰翻了，六枚精美绝伦的钻石戒指落在地上。她慌忙捡起其中的五枚，但第六枚怎么也找不着。这时，她看到那个中年顾客正向门口走去，顿时意识到戒指被他拿去了。当顾客将要步出店门时，她柔声叫道：

"对不起，先生！"

那顾客转过身来问道："什么事？"

"先生，这是我的第一份工作，现在找个工作很难，想必您也深有体会，是不是？"售货员神色黯然地说。

这个顾客久久地审视着她，一丝难以觉察的微笑浮现在他脸上。他说："是的，确实如此。但是我能肯定，你在这里会干得不错。我可以为您祝福吗？"他向前一步，把手伸给售货员。

"谢谢您的祝福。"售货员立刻也伸出手，两只手紧紧握在一起，售货员用十分柔和的声音说："我也祝您好运！"

当这个顾客转过身走向门口时，姑娘目送他的身影消失在门外，转身走到柜台，把手中握着的第六枚戒指放回原处。

这个售货员很会照顾对方的情面。那位顾客也因为心中有愧，非常体面地改正了自己的错误。这不正是顾及他人的面子所带来的回报吗？

在现代社会中，维护他人的尊严和面子是建立和谐人际关系的重要一环，是一个有效地避免在心中对他人进行无休止的谴责或因他们的错误而滋生憎恶情绪的方法。我们应该以爱和宽容的心态来面对每一个人和每一件事。无论何时何地，我们都需要关注他人的情感、观点、欲望和需求。

在实际生活中，多考虑别人的感受和需求有助于化解潜在的矛盾与冲突。例如，在工作中，当同事犯了错误时，与其公开指责，不如私下沟通，给予建设性的反馈和帮助。这样不仅能够维护对方的面子，还能促进团队合作和效率的提升。此外，在家庭生活中，夫妻之间也应相互尊重，避免在公共场合批评对方，而是选择在私下积极沟通，解决问题，这样能更好地维护家庭的和睦与稳定。

研究表明，尊重他人的感受和需求不仅能改善人际关系，还能提升个人的心理健康水平。当我们学会换位思考，尝试理解他人的立场和情感时，我们会发现，许多看似棘手的问题其实都可以通过沟通和理解来解决。

顾及他人面子是个人修养的体现。通过在日常生活中践行这一原则，我们不仅能够减少不必要的摩擦和冲突，还能够营造更加和谐的人际关系。

幸福者退让原则

面对刁难：此时无声胜有声

在漫长的人生旅途中，每个人都难以避免遭遇误解，以及来自他人的不公批评，甚至是极为刺耳的辱骂。然而，我们必须坚守一条原则：决不让对方的误解、批评或刺耳的辱骂使我们丧失理智。

李乾在商场遭遇了来自商场保安的无端辱骂，他内心愤慨难平。在归家的途中，他心中充满了怒火，反复思量着如何报复这位辱骂者。在这样一个不经意的瞬间，他路过了一家玩具店。店内，两个小学生正对一个造型独特的瓷人存钱罐指指点点，发表着他们略显稚嫩的看法。遗憾的是，他们显然未能理解这个瓷人的艺术魅力，只是对其夸张的造型进行无知的指责。此刻，那个瓷人就像是一个拥有生命的真人一样，安然地坐在货架上，对那些无知的指责毫不在意。

这一幕深深触动了李乾的内心。他望着那个瓷人，突然觉得自己变得滑稽可笑。受到一点委屈，就如此难以释怀，甚至比不上一个存钱用的瓷人，这怎能称得上一个真正的男子汉大丈夫呢？这一转念间，他心中的怒火竟神奇地烟消云散了。他开始对这个曾经不屑一顾的瓷人产生了莫名的好感，最终决定将其买下。毕竟，这个瓷人除了具有艺术价值外，还能发挥存钱的功能，可谓一举两得。我国有一句老话："生气不如攒钱。"的确，将宝贵的精力和时间浪费在生气上，是极为不明智的，自己有幸福的家庭，聪明的孩子，高新的工作。这一切都是那么美好，何必为别人的几句话而起报复他的心理呢，无论报复是否成功都对自己没有一点好处。李乾看着手里的瓷人存钱罐，脸上露出了笑容。

我们在面对外界的打击和辱骂时，或许还难以达到"爱敌人"的崇高境界，但至少应该学会爱惜自己，不让这些负面情绪影响到自己的情绪和健康。英国伟大的戏剧家莎士比亚有过这样的教诲："不要为了敌人而过度燃烧心中之火，以免烧焦自己的身体。"同样，大哲学家康德也说过："生气是拿别人的错误惩罚自己。"这些智慧的话语，都在提醒我们，要时刻保持冷静和理智。

有研究表明，长期积压的怨恨不仅会使人的面部表情变得僵硬，增加皱纹，还可能引发情绪的过度紧张和心脏病。因此，面对他人的辱骂和攻击，我们更应该学会保护自己，不让这些负面情绪侵蚀我们的内心。

回顾历史，我们会发现许多伟大的人物在面对辱骂和攻击时，都表现出了非凡的平静和宽容。20世纪三四十年代，巴金先生就遭受过无聊小报和社会小人的谣言攻击。然而，他始终保持着冷静和理智，用一句斩钉截铁的话回应："我唯一的态度，就是不理！"巴金先生深知，如果受害者选择反击，那些造谣者反而会感到得意，因为他们认为自己的谣言起到了作用。

同样，精通哲学、文学和历史学的胡适先生在面对辱骂时，也展现出了极大的宽容和幽默。他在给杨杏佛的信中写道："我受了十余年的骂，从来不怨恨骂我的人。有时他们骂得不中肯，我反替他们着急。有时他们骂得太过火，反损骂者自己的人格，我更替他们不安。如果骂我而使骂者有益，便是我间接于他有恩了，我自然会很情愿地挨一顿骂。"巴金和胡适的平静、幽默和宽容，无疑是排除心理困扰的良药。

面对他人的刁难，无论语言是卑鄙的、恶毒的还是残酷的，我们都应该保持冷静和理智，决不让它们影响到我们的情绪和行为。面对这些负面言语，我们最好的战术就是保持沉默，退一步，不与对方发生正面冲突，甚至连多余的解释都没有必要，因为争吵和辱骂只会带来更大的烦恼、怨恨和伤害。

在这个充满挑战的世界里，我们每个人都应该学会运用"幸福者退让原则"。这不仅是一种智慧的表现，更是一种高尚的修养。当我们面对不公正的批评和辱骂时，我们应该保持冷静和理智，不被对方的情绪影响。我们应该学会宽容和理解，不要让别人的错误成为我们痛苦的源泉。同时，我们也应该珍惜自己的时间和精力，不要把它们浪费在无谓的争执和仇恨上。

拒绝内耗：退一步，成功自来

　　生活，表面看似纷繁复杂，似乎每一步都需小心翼翼，生怕一不留神便会被别人踩在脚下。然而，生活的本质其实很简单，只是由于我们的一些生活方式不当，才将它变得复杂了。只要我们学会了该拿起什么，该放下什么，在该拿的时候果断拿起，在该让步的时候坚决退让，生活自然会变得简单明了。当生活变得简单时，生命也会变得更加透彻和清晰。

　　安徽的亳州，作为中国的四大药都之一，是各路药商的天堂。其中，王姓两兄弟决心在此地开办药厂。他们选择了一个好的地点，并开始了艰苦的经营。经过十年的努力，药厂终于有了起色，财源滚滚而来。然而，弟媳开始怀疑大哥多占了便宜，兄嫂也开始怀疑小叔子暗中多吞了钱财。不久，两兄弟便因为权力和金钱的问题产生了争执。结果，一个原本兴旺的药厂因为两兄弟的内斗而变得乌烟瘴气，其他同行的商家趁机赶了上来，从他们手中挖走了大批客户。因此，没过两年，兄弟俩的药厂便关门大吉。

这个结局让人深感惋惜。如果这两兄弟能够心胸宽广一些，放下自己的疑虑，相互信任，放下内心的猜忌，选择各退一步，他们本可以在亳州大展宏图，干出一番大事业。

许多人有这样的通病，什么都想一把抓在手里，从来不会从大局出发去考虑问题，把当前无关紧要的事情放在一边。最后，他们只能眼睁睁地看着这些琐事毁了自己的大好前程。古往今来，那些成就大业的人无不是能够拿得起、放得下的人。在遇到机遇时，他们会勇敢地抓住；而在遇到困难需要放下一些东西时，他们也能从容地放下。

在西汉末年，曹操曾率领其军队在官渡与兵力远胜于己的袁绍进行了一场隔河对峙的战役。尽管人数上处于劣势，但曹操最终以少胜多，大败袁绍。战后，曹军在袁绍的军营中发现了大量的文件，其中包括一大箱是曹操部下与袁绍暗中通信的信件。理论上，这些通敌行为本应受到严厉惩处。然而，曹操却表示："当时袁军兵强马壮，声势浩大，而我军势力微弱，地盘不稳，如何能给人以必胜的信心？在那种敌强我弱、胜负未卜的时刻，连我自己都无法确信能否保全性命，更何况各位将领呢？"

结果，他并没有对这些写信之人采取任何行动，而是命令手下将所有信件烧毁。这一决定让他的部下们心中的忧虑得以解除。

曹操不愧是东汉末年杰出的政治家和军事家，他深知成大事者不拘小节的道理。为了自己的前途,他选择退一步,不去计较那些不利于自己的小事。

人生就如同打仗一样,士兵身上携带的东西越多,虽然能在艰苦的环境中活得更舒适一些,但在遇到敌军追击时,就必须轻装前进,放下不必要的负担,才能从敌人的包围圈中逃脱。那些不懂得放下的人,就像柳宗元笔下描述的那种天性贪婪的小虫子——蝜蝂。蝜蝂喜欢背负重物,同时又想往高处爬,最终因体力不支而坠地身亡,何其可悲!

退让原则对于一个人的成功至关重要,同时对健康也有巨大的影响。英国科学家贝佛里奇说过:"疲劳过度的人是在追逐死亡。"如果一个人什么都想拥有,怎能不感到疲劳呢?唐代著名医药家和养生学家孙思邈享年102岁,他曾在自己的著作中写道:"养生之道,常欲小劳,但莫大疲……莫忧思,莫大怒,莫悲愁,莫大惧,莫大笑……"大意是说,若想长寿,就不要给自己太多的心理负担,要学会退让。事实证明,那些愁眉苦脸的人往往脸上最容易起皱纹,而皱纹则象征着一个人走向衰老。

幸福的人都应学会"幸福者退让原则",那么什么时候该退让呢?

狄更斯说:"苦苦地去做根本就办不到的事情,会带来混乱和苦恼。"

泰戈尔说:"世界上的事情最好是一笑了之,不必用眼泪去冲洗。"

孔子说:"君子坦荡荡,小人长戚戚!"

不要强求自己去办根本办不到的事情。总是脱离现实,为自己设定一些无法企及的目标,只会令自己在理想与现实的差距中活得痛苦。不为难自己,有些事情需要一笑了之,没有必要为之伤神,心胸放宽阔一点,你才会更成功。

学会忍让：有理不在声高

忍让，作为人际交往中的一种策略，是一门至关重要的社交艺术课。它要求我们在面对冲突和挑战时，不是立即反应，而是选择给予时间和空间，让事实本身来证明一切。这种做法有助于避免无谓的争执、原则性问题的纠缠以及持续的怨恨情绪。通过学会忍让，在遭遇误解、挑衅或是不合理的要求时，个人能够积累更多的人生经验和智慧。

想象在你的心中种下一颗忍让之树。尽管其根部可能苦涩，开花周期漫长，但最终结出的果实必定甘甜。在这段培养耐心的过程中，你需要不断吸收周围环境中的正面能量，如同树木需要养分一样，将根基深深扎入土壤之中，以便无论遇到何种风雨都能屹立不倒。随着时间推移，这棵树将逐渐成长壮大，最终为你带来丰收的喜悦与幸福的生活体验。

"得饶人处且饶人"，这句话提醒我们在处理人际关系时要懂得宽容待人。给对方留有余地不仅是对其尊严的尊重，也是维护自身形象的方式之一。反之，则不仅无法有效解决当前的问题，反而可能导致身边的朋友对你产生负面看法。因此，忍让体现了一种高尚的品质、一种优雅的态度、一种深邃的思想境界以及心智成熟的表现。正如古语所云，"小不忍则乱大谋"，强调了即使是在小事上的忍让也能对长远规划产生积极影响。

在一家高档餐厅里，正值用餐高峰。

"小姐！请过来一下！"一位衣着考究的男性顾客以命令的口吻高声呼唤。

"请问有什么可以帮助您的吗？"经验丰富的服务员迅速走近，用温和的语气询问道。

该名男士面露怒色，指向桌上的杯子说道："看看这杯牛奶已经过期了，我的红茶都被毁了！"

"非常抱歉给您带来不便。"服务员微笑着回应，"我马上为您更换一杯新的红茶。"

很快，一杯全新的红茶被送到了顾客面前，旁边摆放着新鲜的柠檬片和一小壶牛奶。当服务员注意到这位先生准备往茶中加入柠檬与牛奶时，她轻声提醒道："尊敬的先生，如果您打算添加柠檬的话，建议不要同时加入牛奶，因为柠檬酸可能会导致牛奶凝结。"

听到这里，那位男士的脸色顿时变得通红，没有再多说什么便匆匆喝完离开餐厅。

旁边另一位客人好奇地向服务员提问:"明明是他犯了错误,你为什么没有直接指出来呢?而且他对你的态度那么恶劣,你却依然保持如此平和的态度跟他说话?"

服务员回答道:"通常情况下,那些缺乏自信的人会通过强硬的态度试图压倒他人;而真正有理有据的人,则更倾向于采用更加柔和的方式来结交朋友。正是因为他的无礼行为,我才选择了更为委婉的方法来处理这个问题。其实道理很简单,并不需要大声喧哗才能让人明白。"

在场所有人都对这位服务员报以赞许的目光,并且对她产生了更深的好感。从那以后,每当他们再次遇见这位服务员时,都会想起她说过的那些富有哲理的话语。事实证明,这位服务员的观点是正确的。他们不止一次看到那位曾经不了解不能将柠檬与牛奶混合使用的客人现在总是友好地向服务员打招呼。

如果我们得理不饶人,让对方感到绝望,就可能激发起对方强烈的反击欲望,从而采取极端手段解决问题。相反地,在对方处于不利地位的情况下给予宽容,不仅能够赢得对方的感激之情(即使对方未必会表达出来),还能避免成为敌人。

我们往往习惯于"理直气壮",但忽视了"理直气和"的重要性。正如俗话所说:"有理不在声高。"更何况有时候我们并不一定完全正确。面对他人的无知、粗鲁或挑衅行为时,与其针锋相对,不如采取以柔克刚的方式应对。毕竟,温柔与善良的力量总是胜过愤怒与暴力。只有学会忍耐才能真正成就大事；如果不能做到这一点，即便拥有一定能力也很难取得长远的成功。

以德报怨：退让一条路，伤人一堵墙

在魔都上海，有一位名叫陈均恩的建材商人。他的公司因另一位对手的竞争而陷入困境。这位对手常常在他的经销区域内散布谣言，声称陈均恩的公司不可靠，其建材质量低劣。

陈均恩并不认为对手能对他的生意造成严重伤害，但对方的造谣行为让他十分恼火。有时候，他真想狠狠地教训这个不知廉耻的家伙。

在一个周末的早晨，陈均恩去一个教授家里吃饭。教授聊到：要施恩给那些故意让你为难的人。陈均恩觉得对自己很有用，于是听得很认真。他还把这件事告诉了教授，他说："就在上个星期三，那家伙使我失去了一份五百万元的订单。我真想教训他一顿。"教授笑着说："你不觉得我们要以德报怨，化敌为友吗？冤冤相报何时了，得饶人处且饶人。这是一种宽容，也是一种博大的胸怀。"

第二天，陈均恩在安排下周日程表时，发现住在北京的他的一位顾客，因为盖一间办公大楼需要一批建材，而所指定的建材型号却不是他们公司能制造供应的，但他的竞争对手出售此类产品。同时，他的竞争者完全不知道有这笔生意。这使陈均恩感到为难，是遵从教授的忠告，告诉对手这项生意，还是按自己的意思去做，让对方永远也得不到这笔生意呢？陈均恩的内心斗争了很长一段时间。最后，他终于拿起电话拨到竞争对手家里。

接电话的人正是陈均恩的对手，当时他拿着电话，难堪得一句话也说不出来，但陈均恩还是礼貌地告诉了他那笔生意，那个对手很是感激陈均恩。

陈均恩后来对教授说："我得到了惊人的结果，他不但停止散布有关我的谎言，而且甚至还把他无法处理的一些生意转给我做。"陈均恩的心里比以前舒畅多了，他与对手之间的关系就这样得到了改善。

在这场矛盾冲突中，陈均恩谅解了对手对自己的污蔑和诽谤，并把自己的客户介绍给了对手。这是陈均恩的高明之处，他懂得每个人，即使最强硬最凶狠的人都有自己最"柔软"的部分。陈均恩选择以德报怨，在宽容这个使自己陷入困境的对手的同时，也感动了这个对手，获得了对手的尊重。

人与人之间，冲突与碰撞是不可避免的。面对纠纷，即便自认为站在正义一方，也应克制过度的批评与指责。毕竟，人非圣贤，孰能无过？古人云："杀人不过头点地。"意指在处理问题时应留有余地，宽恕他人亦是给自己留下后路。

一位妇女横穿马路，迫使一辆高速行驶的货车紧急刹车。这位妇女，凭借自己是本地居民的身份，对司机进行了长时间的辱骂。然而，司机并未回以恶言，而是选择点燃一支烟，静静地等待妇女发泄完毕。随后，他平静地说："如果我反应稍慢，没刹住车，你此刻还能站在这里责骂吗？"这句话让妇女顿时无言以对。

哲学家们认为，宽容之心与退让原则虽然带来短暂的不适，但最终能够换来长久的幸福。每一次的退让都是对人生理解的深化，每一次的宽容则是向爱的大门迈进一步。当一个人不给他人留有余地时，往往会引起对方的强烈反抗，最终导致双方均无法获得满意的结果。

历史上不乏关于宽容与忍让的故事。例如，李四和王五是邻居，王五曾偷偷移动了两家之间的篱笆以扩大自己的地盘。当李四发现后，他没有立即采取行动，而是在王五离开后，进一步将篱笆往后移了一丈。第二天，王五看到自家土地的增加，深感内疚，主动归还了侵占的土地。

明代《寓圃杂记》中记载了一个类似的故事：杨翥的邻居误认为他偷了自己的鸡，并在背后大骂特骂。当有人将此事告知杨翥时，他只是一笑置之，并未计较。此外，每当下雨天，这位邻居还会将积水排入杨家，造成不便。尽管如此，杨翥并未生气，反而安慰自己说晴天总比雨天多。

时间证明了一切,邻居最终被杨翥的宽容感动。有一次,得知有盗贼计划抢劫杨家,邻居主动组织人手帮助守护,使杨家免受损失。

在这个案例中,杨翥通过宽容和退让赢得了尊重。宽容不仅是避免报复的有效手段,也是保护自己和家人平安的重要"护身符"。一个善于宽容的人不会轻易被外界不平之事困扰,即使受到伤害也不会选择冤冤相报。

郑板桥曾言:"退一步天地宽,让一招前途广。"这句话深刻揭示了给予他人机会的同时,也是在为自己创造更多可能。善待他人,实质上也是在善待自己。

第五章

远离社交雷区，提高感知他人情绪的能力

陌生人的心理暗流

人的内心恰似深邃海洋下的暗潮，时而平静无波，时而汹涌澎湃，让人难以窥其全貌。在与陌生人交往的过程中，这种复杂性尤为显著——你很难判断对方心里究竟在想些什么，是友善还是戒备，是欣赏还是轻视。

走在熙熙攘攘的街道上，擦肩而过的每一个面孔背后，都藏着各自的故事与情绪。有时，一个微笑或许能瞬间拉近彼此的距离，让人心生温暖；而有时，一个不经意的眼神交错，也可能引发不必要的误解与隔阂。人心之深，犹如夜空中的星辰，璀璨却遥远，难以触及。

面对这样的不确定性，人们往往感到无所适从，甚至因此产生防御心理，选择用冷漠的外壳包裹自己，以避免可能的伤害。然而，这样的做法虽能暂时保护自己，却也无形中关闭了通往理解与和谐的大门。

在这个快节奏且充满竞争的社会环境中，人们往往容易被来自陌生人言语激怒。但你若能主动摒弃那些具有攻击性的言辞与一触即发的愤怒冲动，便会发现，谅解他人其实更容易建立和谐关系。这一转变的核心，在于你愿意放下心中的执念，这一行为本身就是宽容精神的体现，它如同一股清流，不仅让心灵得以解脱，还带来了意想不到的轻松与愉悦，远胜于以牙还牙的沉重与苦涩，更胜于施加伤害后可能面临的内心空虚与遗憾。

2022年一个周末的上午，上海的一个小区里，一位男士正在做饭，发现家中的盐用完了，就在网上下了一单，让快递送来。他在家中焦急地等待快递的到来，半个多小时后快递才打来电话，电话那头，快递员的声音因连续的奔波显得有些疲惫而急促。随着等待时间的不断拉长，男人的情绪逐渐升温，在电话中语言激烈，言辞间充满了不满与误解。

终于，门铃响起，快递员带着歉意站在门口，却未料到迎接他的是男人更加激烈的指责。怒火中烧的两人，争吵的声音在整个楼道里回荡，气氛一时剑拔弩张。

就在这紧要关头，男人的妻子满脸笑容出来，她手里端着一块精致的蛋糕，微笑着走向快递员，轻声细语地道着歉，说家里孩子饿了，等着做饭，所以男人情绪有些激动，请快递员不要太介意，女人的话语渐渐抚平了快递员心中的委屈与烦躁。快递员的脸色由阴转晴，紧绷的神经也放松下来，很尴尬地接过女人递来的蛋糕，转身离去。

这样一场可能的冲突悄然化解。

事后，妻子告诉男人，她注意到快递员进门时手中紧握着一支圆珠笔，那一刻，她深知如果争执升级，后果将不堪设想。而自己家里，有孩子有老人，最关键的是快递员知道自家的门牌号，如果一块小小的蛋糕能解决问题，何必等到不可收拾呢。妻子是善良的，也是智慧的，她用爱心与理解化解了即将爆发的冲突。

"幸福者退让原则"教会我们，在面对未知与不确定时，以一种更加谦和和包容的心态去接纳对方。在公共交通上主动让座，在排队时耐心等候，在言语交流中保持尊重与礼貌……这些看似微不足道的举动，实则是心灵沟通的桥梁，能够有效缓解因陌生而产生的紧张与对立。

幸福者退让，在我们现在的生活中显得尤为重要。它不仅仅是一种简单的情绪选择，更是一种智慧与修养的体现。当我们决定放弃报复的念头时，实际上是在为自己的心灵减负，避免了一场可能两败俱伤的内心战役。研究表明，长期沉浸在负面情绪中，如愤怒与仇恨，会对人的身心健康造成严重影响，包括但不限于高血压、心脏病风险的增加，以及社交关系的恶化。相反，选择宽容，则能显著提升个人的幸福感与生活质量，促进心理健康，增强社会适应能力。

从心理学的角度来看，人在能掌控自己的情绪后，会更加豁达和自信。它让我们从过去的狭隘中解脱出来，不再为情绪所束缚，从而能够更专注于当下的生活，拥抱未来更大的可能性。这种内心的释放，往往伴随一种深刻的自我成长与蜕变。正如许多成功人士分享的经验，他们之所以能够在逆境中崛起，往往是因为学会了如何在面对不公时保持冷静与理智，用宽容的心态去化解冲突，而非盲目地寻求报复。

此外，人在谦虚和退让的过程中，还能在无形中促进人际关系的和谐。在一个团队或家庭中，如果成员之间能够相互理解、宽容以待，那么团队的整体效能将显著提升，家庭氛围也会更加温馨和睦。若彼此间充斥着猜忌与敌意，不仅会降低工作效率，还可能导致关系的破裂。因此，从社会和谐的角度出发，培养谦让的心态，对于构建积极向上的社会风气具有不可估量的价值。

放弃攻击性的语言与愤怒的冲动，转而选择宽容，是现代人在复杂人际关系中应当修炼的一项重要技能。它不仅能够带来个人的内心平和与幸福感，还能促进社会的和谐与进步。在这个充满挑战的时代，让我们以更加开放和包容的心态，去拥抱每一个可能，让宽容成为连接彼此的桥梁，共同创造一个更加美好的世界。

谦让可以带给你幸运

人的一生要走很多的路，见很多的人，我们不可避免地需要与形形色色的陌生人交往。无论是在职场、社交场合还是日常生活中，学会与陌生人相处是一项重要的社交技能。而在这其中，谦让作为一种美德，是促进和谐人际关系的重要基石。通过谦让，我们能够更好地理解和尊重他人，从而建立起积极、友好的互动关系。

谦让意味着在与人交往时能够主动给予对方方便和尊重，即使这意味着我们需要在某些方面做出让步。这种品质不仅体现了个人的修养和素质，也是建立信任和友谊的基础。在与陌生人初次接触时，谦让的态度可以有效地缓解紧张气氛，使对方感受到温暖和尊重，为进一步的交流打下良好的基础。

2023年一个晴朗的午后，泰国清迈的古城墙下，阳光斑驳地洒在青石板路上，一位名叫林易的旅行博主正沉浸在异国风情的拍摄中，四周树林环绕，很是优美和寂静。她手持相机，镜头对准了这座充满历史底蕴的城市，试图捕捉每一个动人的瞬间。

正当林易全神贯注地调整角度，准备拍摄一张古城墙的特写时，一个高大的白人男子悄然出现在她的视线边缘。男子身穿休闲装，面容冷峻，眼神中透露出一种难以言喻的阴郁。林易下意识地以为自己挡住了对方的路，连忙侧身，并用泰语夹杂着英文道歉："对不起，我挡到你了。"

男子却并未动怒，反而露出一丝生硬的微笑。他轻轻摇头，用流利的英文回答："不，你拍得很好，我只是想和你合个影。"林易一愣，随即欣然同意。两人并肩站在古城墙下，留下了这张意义非凡的合影。

合影后，男子独自转身离开，消失在密林中。林易并未多想，继续她的旅行拍摄。然而，几天后，当她坐在清迈的一家咖啡馆里，悠闲地浏览着当地的新闻时，一条触目惊心的消息映入眼帘：一名白人男子在泰国多地实施无差别杀人，手段残忍，已有多名无辜游客遇害。

林易的心猛地一紧，她仔细辨认新闻中的照片，发现那名男子正是几天前与她合影的人。回想起当时的情景，林易不禁感到后怕。如果她当时没有选择谦让和礼貌，而是与男子发生争执，后果将不堪设想。这次意外的谦让，不仅让她避免了一场潜在的灾难，更让她深刻体会到了"幸福者退让"的智慧与力量。

我们在与陌生人交往的过程中，可能会遇到意见不合或利益冲突的情况。这时，如果能够采取谦让的态度，主动退一步，往往能够化解矛盾，避免不必要的争执。例如，在公共场合排队等候时，如果我们能够礼让急于前行的人，虽然自己可能需要多等待一会儿，但这种行为却能赢得他人的好感和尊重。

谦让还体现在对他人观点的尊重上。在交流中，即使我们不同意对方的看法，也应该耐心倾听并表达出我们的尊重。这样的态度不仅有助于增进相互了解，还能减少因误解而产生的冲突。通过谦让，我们可以展现出自己的大度和包容，这对于建立长期的友好关系是非常有益的。

除了在日常生活中的应用，谦让在职场中同样重要。在职场上，我们经常需要与不同的人合作完成任务。在这个过程中，谦让可以帮助我们更好地协调团队关系，提高团队效率。例如，在讨论项目计划时，如果我们能够谦让地听取同事的意见和建议，即使这些意见与我们的初衷不同，也能够促进团队内部的沟通和协作，从而达成更好的工作成果。

然而，谦让并不意味着放弃自我或无条件地迁就他人。真正的谦让是建立在平等和相互尊重的基础上的。它要求我们在保持自己立场的同时，也考虑到他人的感受和需求。这样的谦让才是有意义的，才能够真正促进人与人之间的和谐相处。

在实践谦让的过程中，我们还需要注意方式方法。谦让不是简单的退让或顺从，而是一种智慧的表现。它需要我们根据实际情况灵活应对，既要维护自己的权益，又要考虑他人的感受。在面对不合理的要求时，我们可以委婉地表达自己的立场，同时提出合理的建议，这样既表明了自己的态度，又避免了直接的冲突。

谦让是一种美德，也是一种智慧。在与陌生人的交往中，通过谦让，我们不仅能够建立起和谐的人际关系，还能够提升自己的人格魅力。让我们都学会在适当的时候谦让一步，用一颗宽容和平和的心去对待我们周围的每一个人。

读懂陌生人的愤怒点

人生在世,我们不可避免地会与形形色色的陌生人相遇。这些陌生人,或许正经历着生活的困境,或许正承受着失业、感情受挫等重重压力,他们的情绪可能异常脆弱,稍有不慎,我们便可能触碰到他们的怒点,给自己带来不必要的麻烦。因此,学会读懂陌生人的愤怒点,巧妙地避开雷区,是我们在人际交往中不可或缺的一项技能。下面将分享几点建议,助你更好地理解和应对陌生人的愤怒。

一、观察细节,洞悉情绪

要读懂陌生人的愤怒点,首要的是学会观察细节。一个人的表情、动作和语言往往能透露出他的情绪状态。当一个陌生人眉头紧锁、嘴角下垂、眼神中充满愤怒时,这无疑是一个明显的信号,提醒我们要格外小心,避免做出可能激怒他的行为。

2013 年北京大兴区发生的一起悲剧曾轰动一时。一位推着婴儿车的母亲因停车问题与两名陌生男子发生争执。起初，双方只是就停车位置进行简单的沟通，但随后争执逐渐升级。那名母亲坚持认为自己没有妨碍对方停车，两名男子则认为她故意找碴儿。随着争执的加剧，其中一名男子突然下车，情绪失控地对该女子大打出手。更令人震惊的是，这名男子打完女子仍不解气，竟然将手推车上熟睡的两岁女童摔到了地上，导致女童当场死亡。

这个事件让我们深刻认识到，在与陌生人接触时，一旦发现对方情绪异常，我们必须保持冷静，避免触碰对方的怒点。如果已经发生摩擦且对方蛮不讲理，那么此时再怎么据理力争也没有意义，我们应该选择暂时退避，避免让事态进一步恶化。

二、了解背景，尊重差异

除了观察细节外，了解陌生人的背景也是读懂他们愤怒点的关键。不同的人有不同的经历、文化背景和价值观，这些因素都会影响他们对事物的看法和反应。

例如，在一个多元文化的城市里，不同民族的人可能会因为文化差异而产生误解和冲突。如果我们能够了解并尊重这些文化差异，在与陌生人交往时就可以更加注意细节，避免因为文化冲突而引发愤怒。比如，在一些文化中，直接的眼神交流可能被视为挑衅或不尊重；在另一些文化中，则可能被视为坦诚和友好。因此，在与陌生人交往时，我们需要根据对方的文化背景来调整自己的行为方式，以避免不必要的冲突。

三、换位思考，满足需求

换位思考是读懂陌生人愤怒点的重要方法之一。当我们站在对方的角度去思考问题时，往往能够更好地理解他们的感受和需求。

举个例子，有一次我在超市排队结账时，前面的一位顾客因为收银员找错了钱而大发雷霆。起初，我认为这位顾客过于挑剔，毕竟只是几元钱的小事。但是，当我换位思考一下后，我理解了这位顾客的愤怒。原来，他刚刚经历了一天的忙碌工作，身心俱疲地来到超市购物。在排队等待结账的过程中，他本就心情烦躁。此时，收银员却找错了钱，这无疑让他的心情雪上加霜。如果收银员能够及时道歉并解决问题，也许这位顾客的愤怒就会很快平息。然而，遗憾的是，收银员并没有意识到这一点，反而与顾客发生了激烈的争吵。最终，这场争执不仅让双方心情都受到了影响，还影响了周围其他顾客的购物体验。

总之，读懂陌生人的愤怒点需要我们学会观察细节、了解背景、换位思考。只有这样，我们才能在与陌生人交往时更加和谐、愉快，避免不必要的冲突和矛盾。让我们从现在开始，用一颗包容和理解的心去对待每一个陌生人，共同创造一个更加美好的世界。在未来的日子里，愿我们都能成为更加成熟、理智的交际者，用智慧和爱心化解每一次可能的冲突与不快。

给对方留台阶，给自己留后路

  我们在人际交往与处世中，要懂得给他人台阶下。在现实生活中，我们时常面临诸多"情非得已"的情境，即内心抗拒却因外界压力或顾忌颜面而不得不勉强从事某些活动，长此以往，内心的煎熬与不满日益累积。

  那么，如何挣脱面子的枷锁，实现自我解脱与轻松自在呢？让我们通过以下故事中曹凡的案例来探讨这一议题。

  曹凡是一家高新技术企业的掌舵人，凭借精准的市场定位、卓越的技术战略决策、强大的研发团队以及科学的管理模式，成功引领企业实现了产值与利润的双重飞跃，经济效益斐然，自然吸引了众多人才竞相加入。

  一天，曹凡接到一位昔日领导的电话，意欲推荐一名求职者。面对这突如其来的请求，曹凡陷入了两难境地：一方面，不清楚被推荐者的能力，直接拒绝可能伤害到旧日恩师的颜面；另一方面，若轻易接纳,则可能引入不符合公司标准的人员,破坏既有的人才选拔机制,影响企业的长远发展。思前想后,曹凡想出了一个比较合适的处理办法。

他首先邀请老领导及求职者参观公司各部门,让他们亲身体验工作的繁忙与挑战,同时详细介绍公司的规章制度,以此作为铺垫。随后,曹凡向老领导汇报了公司去年在老领导的指导下取得的显著成就,并提及去年根据其建议修订加强的管理制度与岗位用人标准,强调这些改革措施带来的积极效果,表达了对老领导持续指导的期待,还详细问了被推荐者的专业情况和个人履历。

在此基础上,曹凡以温和而诚恳的态度说明了当前求职者专业不匹配的问题,指出直接录用可能对公司年度承包指标产生不利影响。但他同时主动提出愿意协助寻找其他更适合该求职者的岗位或机会。这样的处理方式,既充分尊重了老领导的意见与感受,又坚守了企业的用人原则与长远利益。

曹凡的做法,为我们提供了一个如何在维护颜面与坚持原则之间找到平衡点的范例。他通过开诚布公的沟通,明确阐述了实际情况与难处,巧妙地将决策导向了制度层面,而非个人意愿,从而有效避免了直接拒绝可能带来的尴尬与不快。这种策略不仅保护了求职者的自尊,也为老领导保留了颜面,同时也确保了企业的健康发展不受影响。

面子问题,往往是现代人生活中难以割舍的情感负担,它让原本简单纯粹的生活变得复杂而沉重。要想重归生活的简约与自在，就必须学会灵活应对人际交往中的种种挑战，不让人情世故成为束缚我们的枷锁。正如曹凡所示，智慧地处理这类问题，不仅能够维护良好的人际关系，还能促进个人与企业的共同成长与发展。

在人际交往中，拒绝他人时给予对方一个体面的台阶下，不仅体现了个人的修养与智慧，更是维护双方关系的微妙艺术，是个人情商与智慧的体现。实际上，为他人铺设退路，也是为自己预留后路，展现了高度的情商与社交技巧。因此，在复杂的人际网络中游走，以下几点尤为值得注意：

1. 察言观色：细微之处见真情

察言观色，是社交场合中的一门必修课。它要求我们不仅要关注对方言语的内容，更要留意其语气、表情、肢体动作等细微变化。这些非言语信号往往能透露出对方内心的真实感受，如紧张、不安或尴尬。当我们捕捉到这些信号时，便应迅速反应，思考如何以恰当的方式为对方提供台阶。这需要我们具备高度的敏感性和同理心，能够站在对方的角度思考问题，从而做出最符合情境的反应。

2. 幽默化解：以笑为桥，化解尴尬

幽默，是人际交往中的润滑剂。在尴尬或紧张的时刻，一句轻松的玩笑或自嘲，往往能迅速打破僵局，让气氛变得轻松愉快。幽默不仅能转移注意力，还能让对方在笑声中感受到你的善意与包容。但需要注意的是，幽默应建立在尊重他人的基础上，避免使用可能伤害对方自尊心的言辞。

3.适时转移话题：灵活应变，引导对话

当某个话题可能引起不快或尴尬时，适时转移话题是一种明智的选择。这需要我们具备敏锐的洞察力和灵活的应变能力，能够迅速捕捉到话题转变的契机，并巧妙地引导对话走向更加积极、愉快的方向。转移话题时，可以寻找与当前话题相关但更为轻松愉快的子话题，或者引入新的、双方都感兴趣的话题，以此来化解尴尬。

4.给予正面反馈：先扬后抑，促进交流

即使对方犯了错，我们也应尽量避免直接指责或批评。相反，可以先肯定其努力或意图，再委婉地指出问题所在。这种先扬后抑的方式，既能保护对方的自尊心，又能促进真正的交流与进步。在给予正面反馈时，我们应保持真诚和客观，避免过度赞美或敷衍了事。

5.私下沟通：尊重隐私，解决问题

在某些情况下，公开场合直接给予台阶可能不够合适。这时，我们可以选择私下沟通的方式，以更加私密和尊重的方式帮助对方认识问题，并提供解决方案。私下沟通时，我们应保持冷静和理性，避免情绪化的言辞或行为。同时，也要尊重对方的隐私和意愿，避免强迫其接受自己的观点或建议。

6.适度让步：维护尊严，选择退让

在竞争性活动中，如棋类比赛、球赛等，即便是实力悬殊，也应保持风度，避免让对方输得太惨。适时让步，让对方取得一两局胜利，不仅无损于自己的整体优势，还能有效维护对方的面子，增进彼此友谊。毕竟，这些活动的本质在于娱乐与交流，而非单纯比拼胜负。通过适度让步，可以营造更加和谐的氛围，促进情感交流，满足双方的文化生活需求。

7. 宽容小过，避免夸大

人非圣贤，孰能无过。在人际交往中，面对他人的无心之失，如念错字、口误或记忆偏差，我们应以包容之心对待，不必过分渲染或夸大其错误。将小过失无限放大，甚至以此取乐，只会伤害对方的自尊心，引发反感乃至敌意，最终破坏双方关系，影响自身社交形象。记住，刻薄待人，终将孤立自己；宽容为本，方能赢得人心。

巧妙地给人留台阶需要我们具备高度的敏感性、同理心、幽默感、洞察力和应变能力。只有这样，我们才能在社交场合中游刃有余，为对方提供恰到好处的支持与帮助。总之，人际交往是一门深奥的艺术，需要我们在细微之处见真章。无论是拒绝他人时的体面处理，还是日常交往中的尊重与包容，都是构建良好人际关系不可或缺的要素。

多检讨自己，少怪罪别人

在现代社会中，许多人在面对挫折和不愉快的经历时，倾向于将责任归咎于他人，而非自我反省。这种倾向源于人性中寻求外部因素解释的本能，因为相较于深入剖析自身，指责他人显得更为简便且直接。然而，频繁地推卸责任不仅无助于问题的根本解决，反而可能破坏人际关系，导致个体逐渐被孤立。

小陈是一家销售公司的杰出员工，凭借其卓越的能力和对工作的热忱，赢得了管理层的认可，销售业绩斐然。遗憾的是，她在职场上的人际互动却不尽如人意。根源在于，小陈习惯于在遇到问题时，即刻归咎于同事，缺乏自我反思的意识。她心情愉悦时，能够与团队成员和睦相处；但一旦遭遇不顺，即便是同事无意间的言行也可能触发她的不满，进而引发激烈的反应，甚至公开斥责对方，而从未对自己的行为模式进行审视。久而久之，同事们因无法承受其情绪波动带来的压力，纷纷选择保持距离，使小陈陷入了社交的困境。

情绪的爆发，本质上是对外界刺激的一种应激反应，是人类情感机制的一部分。然而，正如案例中的小陈所展现的，某些看似微不足道的事件，在特定情境下可能被过度解读为重大冒犯。因此，培养情绪管理能力，学会从自身寻找改进空间，对于维护和谐的人际关系至关重要。这不仅有助于个人成长，也是通往幸福生活的关键路径。

哲学家通过一个寓言故事揭示了这一深刻道理：如果你同时养了猫和鱼，但是有一天你出门，回来后发现鱼被猫偷吃了，你觉得应该怪谁？毫无疑问，几乎所有的人都会埋怨猫。

哲学家笑了笑："猫当然有责任，但除了责备猫，你更应该责备你自己。猫吃鱼是它的本性，你明知猫会偷吃鱼，却不做任何防范，导致事故的发生。所以，事情的责任完全在于你。同样的道理，你明明知道人性有弱点，却不加防范，因此，当你吃亏后，不要埋怨别人，应该检讨自己。"

面对生活中的挑战与不如意，我们应避免陷入"怪罪他人"的陷阱，转而培养自我反省的习惯。通过增强自我意识、提升情绪智力，我们不仅能够改善人际关系，还能在逆境中发现成长的机会，最终实现个人价值的最大化。正如古语云："反躬自省，厚德载物。"唯有不断自我完善，方能在复杂多变的社会环境中立于不败之地。

小严是一名商场的营业员，以其专业素养和亲和力著称。一天，她遇到了一位情绪激动的女顾客，要求退还一件衣物。该衣物的衣角处存在明显的折痕,显然是在销售过程中未能细致检查所致。女顾客情绪激动,声音中透露出不满与失望:"你们商场售卖的商品竟有如此明显的瑕疵,我要求立即退货。"

然而,根据商场规定,商品售出超过"七天无理由退货"期限后,仅支持换货服务,不支持直接退款。面对这一情况,女顾客坚持要求全额退款,态度坚决,无论小严如何诚恳道歉、耐心解释,均无法平息其怒火。为避免争执升级,影响其他顾客的购物体验,小严采取了一种更为温和的方式处理此事。

她首先对顾客表示了深深的歉意:"对于此次事件给您带来的不便,我们深感抱歉。这确实是我们的疏忽,也是我个人的失误。但根据商场的规定,由于该商品已超出退货期限,我们目前无法提供直接退款服务。不过,如果您仍然坚持要退货的话,我愿意以个人名义购买这件衣服,以此作为对您损失的补偿。"

正当小严准备付钱时,女顾客的脸色有所缓和,显然被小严的诚意打动。最终,她同意接受换货处理,并表达了对小严服务态度的认可。

此事件充分展示了退让原则的力量,我们应在冲突中保持冷静、寻求双赢解决方案的重要性。小严的行为不仅有效化解了矛盾,还赢得了顾客的信任与尊重,体现了高度的职业素养和个人魅力。

事实上,情绪失控不仅损害自身形象,也会影响他人情绪,传递出负面信息。因此,我们应当致力于提升自我修养,拓宽心胸,不为琐事所困，学会包容、理解和控制情绪。通过不断反思自身行为，减少对他人的指责，我们可以更加成熟地应对生活中的挑战，营造和谐的社会氛围。正如古人云："静坐常思己过，闲谈莫论人非。"唯有如此，方能成就更好的自己，赢得更多的尊重与友谊。

避免发生正面冲突

在现代都市的喧嚣中,我们每个人都如同漂泊在茫茫人海中的一叶扁舟,难免会遇到令人难以忍受的情形。面对这些挑战,拥有足够的心理韧性显得尤为重要,无论是生活中的琐碎小事,还是职场上的重大决策,我们都应学会包容那些看似难以容纳的事物。

一位名叫李智的企业家,以其卓越的领导力和深邃的智慧,成为地方首富。在他的公司,发生过一件令人印象深刻的故事,恰如其分地诠释了"一忍可以制百勇,一静可以制百动"的道理。

某日,一位名叫张伟的访客,因一笔未解的商业纠葛,心怀愤懑,未经预约便闯入了李智的办公室。张伟误以为李智在合作项目中的决策直接导致了他公司的重大损失,怒火中烧的他,直冲李智的办公桌前,以拳头猛击桌面,宣泄着心中的不满与怨恨,言辞激烈,持续十分钟之久。

办公室内的气氛骤然紧张,同事们都以为李智会采取强硬措施应对这不速之客。然而，李智却展现出了超乎常人的冷静与克制。面对张伟的愤怒，他非但没有以牙还牙，反而以一种近乎慈悲的眼神静静注视，仿佛能洞察对方内心的挣扎。李智的沉默，如同一汪深潭，让张伟的怒火无处着落，渐渐失去了爆发的力量。

随着时间的推移，张伟的愤怒如同潮水般退去，留下的是满心的困惑与不解。他原本精心准备的"战斗"计划，在李智的平和面前显得苍白无力。最终，张伟只能以几声无力地敲打桌面作为结束，悻悻离开，留下了一个谜一般的背影。

最后，李智弄清楚张伟情绪失控的原因后，约张伟一起分析他们合作的项目，以及项目的各项决策和最后的盈利情况，分析表明张伟企业的损失并非和李智合作的项目造成的。张伟很诚恳地向李智道歉，在没有弄清状况的情况下向李智发火。

结果证明，李智的策略是明智的。面对情绪激动的人，直接对抗往往只会加剧矛盾。而退一步，给予对方冷静的空间，待到情绪平复后再寻求对话，才是解决问题的有效途径。李智的冷静不仅避免了一场不必要的冲突，也为日后双方可能的和解埋下了伏笔。这场风波，最终以李智的智慧与包容，画上了一个平和的句号。

许多领导者在面对他人的错误时，往往会不自觉地陷入自我折磨的误区。当对方表现出不可理喻的行为时，我们应该意识到这是对方的问题，而不是我们的。我们无须为此动怒或较劲，因为与精神状态不稳定的人争论是毫无意义的，如果激怒对方，则会产生不可预知的后果。但实际上,很多时候这种争斗是毫无意义的。情绪稳定、适时退让则能够让我们拥有更多的时间和空间去专注于更重要的事情。

我们在与人相处时,也应尽量求同存异,不与别人发生正面冲突,这是保护自己的明智选择,也是赢得友情的良方。控制情绪,以退为进。在感觉自己的情绪过于激动时,不妨临时找个借口,退出"战场";或者找点其他的事情做,转移一下自己的注意力。发现对方言行过激时,不要逞一时之强,若与其争论不休,最终会伤了和气。可以告诫自己保持冷静,学会忍让,容对方先说完,避开对方的锋芒。等他完全表达出自己的观点后,再委婉地说明自己的看法,或者暂时搁置争议,改日再谈。

与人发生冲突时,大家都会碍于面子,谁也不肯先服软,就这样"针锋相对",硬生生地僵持下去。这种时候适当给了对方一个台阶下,彼此相视一笑,也就恢复了理智,泯灭了恩仇,既避免了正面冲突,又彰显了格局。

自我修养高的人更加善于自我控制,在面对冲突时,能够保持更好的耐心与定力,有效化解危机。所以,我们要不断加强自身修养,磨砺宽广的胸怀,严于律己,宽以待人。如此,在不愉快发生的时候,才能淡泊以对,用不卑不亢的态度来包容别人。

心平气和，不做无谓的争论

在公司的年度庆典晚宴上，陈文经历了一次深刻的教训。宴会席间，坐在他右侧的一位先生讲述了一段幽默故事，并引用了鲁迅先生的名言："世上本无路，走的人多了，也就成了路。"然而，这位先生声称这句话出自《朝花夕拾》，但陈文非常确信它实际上来自《呐喊》，因为就在两天前，他在侄子的语文课本中读过。于是，陈文忍不住纠正了这位先生的错误。

那位先生立刻反驳道："什么？出自《呐喊》？这绝对不可能！那句话明明出自《朝花夕拾》！"这时，坐在陈文左侧的胡先生介入了讨论。胡先生多年来一直研究鲁迅的作品，对于鲁迅的著作有着深入的了解。两人便向胡先生请教。胡先生听后，在桌下轻轻踢了陈文一下，低声说道："陈文，这位先生说得没错，《朝花夕拾》里确实有这句话。"

回家的路上，陈文不解地问胡先生："先生，您明明知道那句话出自《呐喊》,为什么当时不说真话呢?"胡先生回答道:"是的,我当然知道。那句话确实出自《呐喊》中的《故乡》一文。但是陈文老弟,那位先生毕竟是宴会上的客人,没有必要当面揭穿他。这样做不仅会让他难堪,还可能让他对你产生反感。我们应该学会避免正面冲突。"

陈文恍然大悟,从此将胡先生的话铭记于心。结合自己过去的经历,他总结出了一个道理:在争论中获胜的唯一方式就是避免争论;在冲突中获胜的唯一方式就是避免冲突。

这一经历让陈文深刻体会到,在人际交往中,保持谦逊和尊重他人的观点是非常重要的。即使我们确信自己是正确的,也应该考虑到对方的感受,避免不必要的争执。通过这次教训,陈文学会了如何在复杂的社交场合中更加智慧地处理问题,这不仅有助于维护良好的人际关系,还能提升自己的职业形象。

乔恩被任命为销售部经理的那一天起,曹俊便对他充满了戒备。作为公司驻纽约办事处的经理,曹俊敏锐地意识到乔恩的到来对自己构成了严重的威胁。为了保住自己的职位,曹俊利用自己在公司的资历,经常在老板面前说乔恩的坏话。有一次,他甚至因为一点小事当着全体员工的面对乔恩大发雷霆。

尽管乔恩非常生气,但他还是保持了冷静,没有与曹俊进行正面交锋。半年后,乔恩被公司委派为驻沪办事处经理,而曹俊一气之下辞职了。

曹俊的失败之处在于他没有认识到，老板不会把一个心胸狭隘、与同事关系紧张的人放在重要职位上。如果他能采取更积极的态度，与乔恩进行良好的沟通和协调，并在上司面前多谈论同事的优点而非缺点，那么凭借他在公司的资历，老板没有理由不让他担任这个办事处经理的位置。

正如俗话所说，"萝卜青菜，各有所爱"。虽然每个人的喜好不同，但缘分让大家聚在同一桌吃饭，各自都能找到自己喜欢的食物，又何必强求别人一定要吃你喜欢的东西呢？如果我们能够承认每个人有不同的品质，并且互相学习、彼此宽容，就能和谐相处，共同快乐。因此，请大家时刻记住：与他人发生正面冲突是最不明智的选择，这会导致别人的鄙视和上司的反感。在否定对方之前，应该冷静思考如何让对方接受你的意见，而不是通过争辩使双方都不愉快。即使你在争论中占了上风，又有什么意义呢？要知道，你在占上风的同时，也失去了沉稳大气的形象，失去了旁观者的支持，更因伤害了别人的面子而为自己树立了一个敌人；如果你在争论中败下阵来，将会颜面扫地。

第五章 远离社交雷区,提高感知他人情绪的能力

少一个敌人就等于多一个朋友

朱明出身于一个以鱼类交易为生的家庭,他的父母为了生计每天都要非常辛苦地劳作,靠勤劳积攒下不少钱财。一天,一位自称是父亲友人的人士向父亲提出借款请求,遭到婉拒后,这个人竟以朱明家人的安全为要挟。

鉴于此威胁,朱明父亲虽然可以报警备案,但为确保家人的安全,他依然果断决定将朱明及其妹妹安置于亲戚家中。这一变故使朱明首次体验到了离家生活的滋味,置身于一个完全陌生的环境中。待到他们重返家园时,得知父亲已将一笔款项交付给了那位勒索者。父亲感慨道:"家人分离之际,金钱又有何价值可言?"自那以后,父亲毅然放弃了鱼货生意,转而全心全意陪伴家人,过上了朴素而节俭的生活。

岁月流转,朱明考上了大学,并最终荣获法律研究生学位。在毕业典礼的那一天,他坚定地对父亲表示:"我将不遗余力地将那个

曾对您实施勒索的人绳之以法。"然而，父亲的回答却让朱明陷入了深思。父亲语重心长地说："人非圣贤，孰能无过。尽管他通过不正当手段获取了钱财，但这也间接促使了我和你母亲获得了宝贵的休息时间。否则，我们可能会因过度劳累而导致健康问题，进而无法陪伴你们的成长。"稍作停顿后，父亲继续说道："当你未来成为一名法官时，务必设身处地为他人着想，尽可能地给予那些犯错者改过自新的机会。"

在纷繁复杂的人际交往中，我们时常会面临各种矛盾与冲突。人与人之间，没有那么多的不共戴天之仇。尤其在职场这个充满竞争与合作的环境中，如何妥善处理与他人的关系，成为每个人都需要深思的问题。

职场上的矛盾往往源于多种因素，如工作压力、利益分配、沟通不畅等。这些矛盾若不及时化解，可能会对团队氛围和个人发展产生不良影响。然而，正如中国古话所言："冤家宜解不宜结。"在职场中，我们应秉持一种开放和包容的心态，努力化解矛盾，而不是任由其激化。

其实，天下没有什么难题不能克服。既然人际关系中出现了矛盾，那你就退一步："很高兴能与你一起共事，万一我有不对的地方，我乐意修补，我很珍惜咱俩的合作关系。怎么样，一起吃午饭好吗？"

也许这样简简单单的一句话，就可以逼得他面对现实和表态。要是一起共进午餐是很礼貌的行为。也可以邀他与你一起喝下午茶，或是在你离开办公室时相见,开心地跟他天南地北地神聊一番。反正,充分发挥厚脸皮的威力,尽量增加与他联络的机会,友善地对待,对方怎样也拒绝不得!

当我们决定离开一家公司时,往往会面临许多复杂的情感纠葛。对于那些曾经与我们有过矛盾的同事,我们可能会产生报复的念头。然而,这种做法不仅不利于个人形象的塑造,还可能对未来的发展造成不利影响。因此,在离职时,我们应保持冷静和理智,尽量以和平的方式结束与公司的一切关系。同时,也要珍惜与旧公司的同事情谊,为未来留下一个良好的印象。

记住,不要做"小人","少一个敌人就等于多一个朋友",所以不如开开心心地去履行新职,又与旧公司保持良好关系,这才是上策。

俗话说得好:"多个朋友多条路,少个仇人少堵墙。"假如你得罪了一个人,那么也就是为自己堵住了一条去路。并且如果得罪的还是个小人,可能就为自己埋下了一颗不定时的炸弹。得罪了君子,了不起大家不讲话,但若是得罪了小人那可就没完没了。假如他在你的背后造谣中伤,你有理也变无理,这实在不值得。

虽然我们不能一味地迁就他人、放弃自己的原则和立场,但在职场中保持一种谦逊和谨慎的态度是十分必要的。我们应该学会尊重他人的意见和感受,避免因为一时的冲动或疏忽而得罪他人。当然,这并不意味着我们要放弃正义和公理去迎合他人。当正义受到挑战时，我们仍然需要勇敢地站出来维护它。但在此之前，我们应该尽可能地通过沟通和协商来解决问题，避免不必要的冲突和纷争。

在职场中，那些能够主动退让、包容他人的员工往往更容易获得他人的尊重和信任。他们懂得在适当的时候放下身段、降低姿态，以平和的心态去面对工作中的种种挑战。这种幸福者退让的态度不仅有助于化解矛盾、促进团队合作，还能让我们在职场中更加游刃有余地应对各种复杂局面。

退让不仅是职场中的一种智慧更是一种生活态度。通过实践这一策略我们可以在职场中建立更加和谐的人际关系、提升个人职业素养并为未来的发展奠定坚实的基础。让我们共同努力成为职场中的幸福者，用我们的退让和包容创造更加美好的工作环境和人生体验。

第六章

打开格局：退让，是为了更好的相遇

不断提升自己的人生境界

在人生的旅途中，我们常常会遇到各种挑战和困扰。有些事情，当我们用放大镜去审视它们时，它们似乎变得无比巨大，仿佛是天大的事情；然而，当我们选择不去关注它们时，它们就失去了原有的分量，变得微不足道。当我们过分纠结对错，事情反而变得复杂，因为这个世界不是非黑即白的判断题；当我们选择退一步，也许会改变自我和他人的一生。如果我们能够怀揣一颗宽容之心，去看待世间的种种纷扰，那么，便没有什么困难是我们不能克服的。做人，应当学会退让，学会息事宁人。

我们不应该把对错看得过重，让全世界都知道你是对的，这样做只会让矛盾更加激化，让问题变得更加复杂。每个人都有自己的尊严和底线，每个人都希望在处理事务时能够得到他人的尊重和理解，尤其是涉及自己切身利益的时候。

在一个宁静的夜晚，一位教师正在校园内执行他的值班任务。

他按照惯例来到了操场，这是一片位于教学楼后方的开阔地带。操场周围稀疏地分布着几盏路灯，但灯光并不明亮，只能勉强照亮周围的环境。为了确保安全，这位教师携带了手电筒。他沿着跑道缓缓前行，此时，学生们已经纷纷回到了宿舍休息。他来到操场的目的很简单，一是担心有学生还未归寝，二是在这个春末的夜晚，清新的空气和舒适的温度确实让人流连忘返。此外，他还想留意一下是否有男女生在操场上过于亲密，以防止学生早恋现象的发生。

果不其然，当他深入夜色之中时，他看到了前方有一对男女的背影。他犹豫片刻，然后加快步伐，赶上了他们。为了不显得突兀，他假装欣赏着夜色，并开始与他们交谈："今晚的月亮真是美丽极了，晚春的风也如此轻柔……你们觉得呢？对了，明天早上6点还要早起上自习，你们难道不担心起不来吗？"这两个学生听后显得有些局促不安，他们支支吾吾地不知道该如何回答。从他们的气息中可以明显感受到紧张和恐惧。尽管他就站在他们面前，但由于灯光昏暗，这位教师并未看清他们的面容。

在询问了他们的班级之后，他便让他们回去休息了。虽然这位教师心中怀疑他们是在早恋，也想过是否应该与他们的家长或班主任沟通，但最终他却因种种原因而忘记了这件事。

数年后，一封来自珠海某公司的信件意外地出现在了这位教师的办公桌上。打开一看，原来是那位女生寄来的。信中详细描述了那个晚上的情景以及她的感受。她写道："李老师，那个晚上被您撞见后，我内心充满了恐惧。其实我们在一起走的时候一直很担心一件事情，那就是手电筒。我害怕突然有一束光毫不留情地照在我们脸上，如果真的那样的话，我们一定会感到无地自容、羞愧难当，恐怕后来也不会有好的心态去学习了。但是您并没有拧亮您手中的手电筒，尽管您手里明明拿着它。这些年来，我一直铭记这件事情，今天我给您写这封信，是想郑重地对您说一声：谢谢您！"

这位教师在回忆起这件事时说道："那个晚上，我心底里并没有过多考虑是否要亮手电会对那两个学生产生多大的意义。然而，就是这样一个看似微不足道的细节，对于一个孩子来说，对于一个犯了错误的孩子来说，却是一种极大的尊重啊！自从这件事情之后，我开始更加注重生活中的一些细节了。比如，我会将愤怒的姿势换成握手，让一句厉声的呵斥变得温和，轻拍对方的肩膀，给仇怨一个宽容的眼神，用心倾听卑微的人的话语等。我并不期望从这些细节中得到什么回报，但我知道，这些细节一定会触动那些善于感知的心灵。实际上，这已经足够了。就像阳光照耀大地万物时一样，它并不会在意一朵花是否会散发出幽香和芬芳。或许它所在意的是光线的每一个细微部分是否都给了花瓣最温暖的触摸。"

正是这位教师无意中的一次无原则的退让和一个小小的细节却产生了意想不到的效果，它赋予了学生一个坦荡的胸怀和一个光明的未来。当你退让和宽容别人的时候你也在升华自己——在别人眼中你是一个宽容大度的人。

台湾著名作家林清玄多年前在担任记者时采访过一名行窃上千次才被警方抓获的小偷。他在文章中这样写道："像心思如此细密、手法这么灵巧、风格这样突出的小偷做任何一行都会有成就吧！"正是这句引导小偷积极向上的话语让小偷找回了做人的自信和尊严，从此金盆洗手一心向善。几年之后他成为台湾一家大型羊肉炉店的负责人。

在生活中，我们需要时刻注意一些细节照顾到别人的自尊和颜面。有时候我们往往会忽略这个问题。当别人犯了错误时我们把自己放在一个高高在上的正确位置，却把那些犯了过错的人批得体无完肤，即便没有什么大的毛病，我们也要将他们的一些小毛病放大，这对他人是一种无情的伤害也是对我们自身人格的一种贬低。

因此，我们应该学会退让和宽容，学会息事宁人，为他人留住自尊和颜面。这样他在知错就改的同时也会对你心存感激。

第六章 打开格局：退让，是为了更好的相遇

与人为善，宽以待人

与人为善是中华民族的传统美德，"己所不欲，勿施于人"，是与人为善；"幸福者退让原则"，是与人为善；"先天下之忧而忧，后天下之乐而乐"，更是与人为善。古往今来，这种美德备受推崇和褒奖。与人为善，是一种积极的和有意义的行为。

首先，它体现着人们的道德意识和修养。一个人如果不能与人为善，则说明他可能连最起码的道德规范都有问题，这样还何谈其他呢？

其次，它代表着一个人的心态和性格。一个人心态的好坏，不仅影响着他为人处世的方式，还会影响一生的命运。心态可以分为健康的和不健康的两种，健康的心态可以使人充分发挥创造力，可以积极地面对生活中的一切，可以化解烦恼。

再次，它展示了一个人的人格。健全的人格代表着一个人的自我完善，具有正常社会行为，而不健全或有障碍的人格则会导致一

个人不能建立良好的人际关系，不能正确地对待自己、不能具有正常的心理生活，甚至会导致过激行为乃至犯罪。

最后，与人为善，可以消解隔阂、赢得友谊、改善个人处境。与人为善可以避免受到伤害，为自己创造宽松和谐的人际环境，有助于个人的身心健康；如果人与人之间能够做到相互理解相互尊重、相互支持相互合作，就能形成推进事业发展的强大力量。

事实也证明，在一个社会中，如果与人为善蔚然成风，那人与人之间的关系必定融洽和谐；如果人们不能与人为善，而是以邻为壑，甚至损人利己，那就必然会纷争不断。

是否与人为善，事关大局、事关稳定、事关发展；坚持与人为善，利人、利己、利社会；与人为善有利于增进人与之间的联合。与人为善，是人们处理人际关系应当遵循的一条基本准则。与人为善，使人与人之间多一份尊重和信任，少一点轻蔑与猜忌；多一份理解和宽容，少一点挑剔与苛求；多一份坦诚和关心，少一点掩饰与冷漠；多一份支持和帮助，少一点排斥与拆台。

与人为善，虽然有着种种不同的解释，但是"待人以宽"则是其最主要的含义。待人能够尊重、谦虚，固然重要；但是宽厚、包容，更得人缘。有些人待人严峻刻薄，斤斤计较，如此想要获得人缘和别人的认同，实在是难！

一个人如果常常为了一点小事就耿耿于怀，甚至严厉指责别人的不是，如此不但让人望而生畏，不敢亲近，自己也会觉得愁闷苦恼，

第六章 打开格局：退让，是为了更好的相遇

伤人又伤己。

待人宽厚要诚恳友善，一时分歧不争论，无伤大体不计较，不要得理不饶人，不为小事而气急败坏，不为小人而折损信心，不为小利而丧失良知，这样会让人际关系更和谐。

刘宽是东汉时期的一位丞相，以宽厚待人闻名于世。他的部下有了过错，他一般都能够体谅，对家人和仆人也从不生气。有一次，他的夫人想试一下，是不是他在遇到一些突发情况时依然能做到不发脾气。就在刘宽穿好朝服准备上朝时，他的夫人让侍女捧着一碗鸡汤给他喝，侍女在他面前故意失手，鸡汤洒在他的朝服上。

侍女赶紧揩擦，然后低头站在一边准备挨骂。刘宽不仅不生气，反而关心地问："你的手烫伤了吗？"侍女深受感动，夫人对他的涵养也十分佩服。刘宽以其温和的性情、宽宏的气度，受到了人们的尊敬。

宽厚待人，实际上就是宽厚待己。任何人都有自己的缺点，谁都有需要他人包容的时候。要想得到他人的宽厚，就必须先宽厚对待他人。宽厚不仅能化干戈为玉帛，赢得他人的信任与敬爱，也是一种深厚的涵养，使自己的心灵得到慰藉与升华。

"世事让三分，天空地阔；心田培一点，子种孙收。"宽厚做人是一种生存智慧和生活艺术。"宽容大度""宽宏大量"表现的是大家风范；"小肚鸡肠""斤斤计较"显露的是小家子气。宽厚对个人来说是一种境界与人格，对社会来说是文明与前进。这是一个需要格局

的时代，想要有格局，那就善待自己、善待家人、善待朋友、善待身边的每个人。

成大事者，会避开无益的争斗

"幸福者退让原则"不但可以运用于生活中，在商业竞争中同样适用。退让原则不是纯粹的为人处世手段，它具有普遍的应用。无论在商业上、军事上，还是政治上，采取退让战略往往都能收到意想不到的效果。

"卡西欧"和"精工"是日本电子信息产业的两大巨头。精工以生产瑞士风格的手表著称，它曾在很短的时间内使其经营业绩超越了卡西欧。

在手表行业，排名的前后将会决定产品档次和营销量的差距。当年，卡西欧已是风靡全日本的名牌。在精工超越卡西欧的时候，卡西欧岂有坐以待毙之理？

于是，卡西欧痛定思痛，决定韬晦图强。表面上，卡西欧公司装出很低调、一副甘拜下风的样子，并在适当的时候放出消息，说公司会避开与精工的激烈竞争，准备改行。但实际上，他们避开了精工把控的领域，把眼光盯住了以石英晶体为振荡器的显示技术新领域，并告诫全体员工不得对外透露。

经过多次秘密试验，卡西欧终于开发出了精确度更高、造价却比原来同档次手表成本低的石英电子表。

而后，卡西欧又趁热打铁地开发了一系列电子新产品，除了电

第六章 打开格局：退让，是为了更好的相遇

子表，还有收录机、电子钟、文字处理机、计时器和电视机等。

在产品投放市场的时候，卡西欧才突然进行大肆宣传，让精工措手不及，想再迎头赶上已是望尘莫及。后来，卡西欧又用同样的方法研制生产出以液晶电视机为主的系列新产品，成了本行业的排头兵。

卡西欧知道，如果让精工公司事先知道自己要研制这些产品，他们将会有所准备，会尽快研制出同类产品。那样会让自己的市场份额大减。

现代竞争必须要有深谋远虑，有时要虚张声势、大张旗鼓；有时却要偃旗息鼓、卧薪尝胆，等待时机再一鼓作气。

有人喜欢在办公室里大谈人生理想，这显然很滑稽——工作就安心工作，雄心壮志留着回去和家人、朋友说去。在公司里工作，如果有事没事整天念叨"我要当老板，自己干出一番事业"，会让人感觉很浮夸，如果真想当老板，倒是踏实地学本事啊，光耍嘴皮子有什么用。

野心人人都有，但不是每个人都能爬到高处。你可以朝着目标默默奋斗，但不要过早地公布自己的目标，这是一个很现实的社会，还没有实现的目标说出来给不相关的同事听，只会招惹一些别有用心的人的嘲笑，也可能会演变为抹黑你的"凶器"。避开这些人，其实就是避开了一些无益的争斗。在职场上要懂得保护自己，你的价值体现在做多少事上，应该在该体现的时候体现。要知道，有能耐

的人体现在能做事上，而不是体现在会说大话上。

　　真正的力量在于内敛与积累。所谓韬光养晦、养精蓄锐，说的就是这个道理。在职场上，懂得适时退让，避开无谓的争斗，不仅能够减少前进的阻力，更能为自己赢得更多的时间与空间，去专注于真正重要的事情。记住，真正的能耐，不在于你说得多么动听，而在于你做得多么出色。幸福者的退让，不是逃避，而是以一种更高明的姿态，去迎接最终的胜利。

第六章　打开格局：退让，是为了更好的相遇

学会接纳，不要过分纠结生活琐事

科学表明，人类的烦恼中有50%源自日常生活中的琐碎小事，20%源于无谓的忧虑，另有20%是根本不存在的困扰。至于剩下的10%，则是已经发生且无法改变的事实，对此再感到烦恼也是徒劳无益。

生命短暂而宝贵，我们不应让琐事阻碍前进的步伐，也不应让无关紧要的忧虑耗费宝贵的时间。

某位社会学博士在即将毕业之际，其导师建议他以"破坏婚姻的决定性因素"为题撰写毕业论文。这位博士认为，这个题目过于简单，因为，破坏婚姻的决定性因素通常是夫妻双方的感情不和，或者其中一方对另一方感到厌倦，抑或第三者的介入等，归根结底，这些都是爱情问题。然而，导师却提醒他不要过于简单化这个问题，最好是通过多方面的实际调查研究来得出结论。

在对搜集到的资料进行整理和提炼的过程中，这位博士生发现

了两种截然不同的结论。一种结论来自一家咨询机构提供的调查表，近 8000 份的调查结果显示，约 90% 的人认为爱情是决定婚姻是否能够维持下去的关键因素。这一结论与博士生最初的设想相吻合。但是，当博士生结合了一些离婚的实际案例以及法院提供的相关资料后发现，在实际生活中，真正导致婚姻破裂的决定性因素并非人们所想象的爱情消逝。

博士生对许多离婚夫妇进行了深入调查，他得出的结论与法院提供的资料反映的结论基本一致：在实际生活中，真正破坏婚姻的往往是那些看似微不足道的琐碎小事。这些小事可能包括日常家务分配不均、经济压力、沟通不畅等，它们虽然单独看来并不起眼，但长期积累下来却能对夫妻关系造成重大影响。

这一发现让博士生意识到，婚姻的维系不仅仅依赖于爱情的存在，更需要夫妻双方在日常生活中的相互理解和支持。爱情可能是婚姻的起点，但绝不是唯一的维系因素。在现实生活中，许多夫妻之所以能够长久地走下去，往往是因为他们能够在面对生活中的各种挑战时，保持耐心和包容，共同解决问题。

现实中，有些离婚案例的背后原因却出人意料地简单，甚至让人感到不可思议。有一对夫妇因为饮食习惯的不同而最终选择分道扬镳。丈夫偏好红烧鱼的浓郁口味，而妻子则偏爱清蒸鱼的清淡。这种看似微不足道的差异，却成为他们之间频繁争吵的导火索。尽管外界可能认为这样的分歧不足以导致婚姻破裂，但事实上，这对

第六章 打开格局：退让，是为了更好的相遇

夫妻在多次尝试调解未果后，决定结束他们的婚姻关系。

另一个案例则涉及日常生活中的个人卫生习惯。丈夫习惯于清晨沐浴，以清新的状态迎接新的一天；而妻子则倾向于在夜晚入睡前洗澡，帮助自己放松并更好地进入梦乡。原本，这两种习惯并不冲突，各自进行即可。然而，问题出现在当妻子认为丈夫早晨洗澡占用了全家人使用卫生间的时间，这不仅可能导致她上班迟到，还会影响到孩子的上学时间。另外，丈夫抱怨说妻子每天晚上洗澡干扰了他的睡眠质量。由于这些看似小的问题长期得不到有效解决，这对夫妇最终也选择了分离。

通过这些具体事例的分析，我们可以发现一个有趣的现象：理论上讲，大多数人会认同爱情是维持婚姻的关键因素。但在现实生活当中，往往是那些不起眼的小事才是真正威胁到婚姻稳定的隐患。这些事情虽小，但如果处理不当，它们足以摧毁一个家庭。

正如一句谚语所说："真正让你疲惫不堪的不是前方高不可攀的大山，而是藏在鞋子里的一粒沙子。"同样地，在日常生活中遇到的各种琐碎问题虽然不起眼，但却能逐渐消磨掉人们的耐心与热情，进而影响到个人的情绪状态乃至整个家庭的和谐氛围。因此，学会正确看待并妥善处理生活中的小事变得尤为重要。

首先，我们应该培养一种平和的心态来面对生活中的挑战。当遇到不顺心的事情时，试着从不同角度思考问题的本质，而不是仅仅停留在表面现象上。其次，适当调整自己对事物重要性的认知也

非常重要。不是所有事情都需要斤斤计较,有时候让步反而能够获得更多意想不到的收获。最后,保持乐观积极的态度对于改善人际关系、提升生活质量有着不可忽视的作用。

生活中充满了各种各样的选择与可能性。如果我们总是纠结于一些无关紧要的小事之上,那么很可能会错过生命中更加美好的事物。如果我们能够学会放下执念、放宽心胸,用"幸福者退让原则"去接纳周围的一切,那么我们将会发现自己拥有了一个更加宽广的世界。让我们共同努力,创造一个充满爱与理解的美好未来吧!

第六章 打开格局：退让，是为了更好的相遇

宽恕别人，也是在成全自己

在一个宁静的周日早晨，阳光透过窗帘的缝隙，轻轻洒在了曹亮的卧室里。他早早地醒来，心中充满了对即将到来的国庆节的期待与兴奋。对于曹亮而言，国庆节假期可以回家跟家人聚聚。因此，他决定为家人精心挑选礼物，同时也希望找到几本能够帮助自己提升大学专业学习的书籍。

那天清晨，曹亮在破晓时分便起床，简单整理后，便踏上了前往回家的旅程。他乘坐早班车，车窗外的风景在晨光中逐渐变得清晰起来。由于他的高效行动，到了中午 12 点，他已经几乎完成了所有购物任务。看着手中满载而归的包裹，他想象着家人收到礼物时的喜悦表情，疲惫之中也不禁露出了满足的微笑。

尽管他对城市的喧嚣和拥挤并不感兴趣，但为了不耽误行程，他决定尽快返回学校。于是，他选择乘坐出租车前往火车站。原本，曹亮并未计划乘坐出租车，但为了确保能够赶上下午 3:30 的火车，

他不得不做出这一选择。不幸的是，途中遇到了交通堵塞，当他匆匆忙忙到达火车站时，那趟列车正缓缓启动。无奈之下，曹亮只能在火车站等待下一班列车。

由于刚刚有列车离开，候车室内显得格外空旷。为了消磨时间，他还买了一杯咖啡和一包他喜欢的巧克力饼干。找到一个靠窗的位置坐下后，曹亮开始玩手机游戏，这是他非常感兴趣的活动。

不久，一位身材高大、着装朴素并携带公文包的陌生人坐在了他旁边。曹亮并没有与之交谈，而是继续专注于自己的游戏。突然，曹亮惊讶地发现，那位陌生人竟然擅自打开了他新买的巧克力饼干包装，取出一块蘸了咖啡后食用。曹亮简直不敢相信自己的眼睛，但他选择了不与对方争执，毕竟在他看来，几块饼干不值得大动干戈。他不想因为这件小事而引发不必要的麻烦，毕竟家人都在等待他。当那位陌生人再次伸手拿饼干时，曹亮假装对游戏全神贯注，仿佛没有注意到自己饼干被取食的行为。几分钟后，当他自己也伸手去拿最后一块饼干时，他忍不住抬头看了那人一眼，却发现对方也在好奇地看着他。感到有些尴尬的曹亮将最后一块饼干放进嘴里，决定离开这个尴尬的局面。正当他准备起身时，那位陌生人却突然站起身匆匆离开了。

这让曹亮松了一口气，他决定再坐一会儿再走。就在他准备离开时，他惊讶地发现桌上放着一包完好无损的巧克力饼干——原来他之前吃的是那位陌生人的饼干！这一刻，曹亮意识到了自己的误会，感到非常尴尬。幸运的是，他没有因为一时的误解而大发雷霆，否则结果会更加难堪。

这次经历让他深刻体会到，选择退让实际上也是对自己的一种宽恕。这个故事告诉我们，宽恕是一种美德，它不仅能为他人带来和谐与快乐，也能减少我们生活中的不快。面对他人的错误，我们应该学会宽容和理解，退让一步来缓解尴尬，而不是一味地追求惩罚。每个人都有可能犯错，站在他人的角度思考问题，也许我们会发现，"幸福者退让原则"的力量远比我们想象得要强大。

在生活中，每个人都会面对这样或那样的事情。而在这些经历中，宽恕和退让作为一种精神上的解脱与升华，显得尤为重要。

有一句古老的格言说得好："宽恕别人就是宽恕自己。"这句话表面简单，却蕴含着深厚的哲理。当我们因他人之过而心怀怨恨时，这份负面情绪不仅伤害了他人，更是在潜移默化中困扰着我们自身。试想，心中怀有怨恨，日积月累，身心如何能得安宁？若能宽恕对方，放下这和负担，心灵自会得到释放，从而获得一份平静与自在。

科学研究表明，凡事计较者在心会增强身体的应激反应，导致一系列负面健康后果，如高血压、失眠等。而宽恕退让者能降低这些应激反应，提升整体的身心健康水平。因此，退让不仅是一种道德选择，更是一种明智的自我保健策略。

同时，当一个人选择退让时，他实际上是在主动放下那些消极的情绪，转而以平和的心态面对生活。这不但能够改善人际关系，还能带来内心的和谐与平衡。正如一滴水的涟漪，退让能引发一系列的正面效应，最终回馈到自己身上。

退让并不意味着纵容错误，而是一种对现实的清醒认识和对人性的理解。每个人都有可能犯错，如果一味地执着于过去，不仅难以前行，还会陷入无尽的痛苦之中。

第六章 打开格局：退让，是为了更好的相遇

有理让三分，得理要饶人

苏格拉底，作为一位卓越的教育家和哲学家，他曾深刻地指出："一颗完全理智的心，犹如一把锋利的刀，可能会割伤使用它的人。"这一见解蕴含着深邃的智慧，提醒我们即使在追求真理的过程中，也应保持适度的谦逊与自我反省。

在纷繁复杂的现实世界中，事物往往呈现出多面性，没有绝对的黑白、对错之分。正如古人云："水至清则无鱼，人至察则无徒。"这句话进一步阐释了过于极端或绝对的态度可能导致的负面后果。在人际交往或决策制定中，过分追求完美无缺或绝对正确，可能会使我们忽视人性的复杂性和现实的多样性，从而陷入孤立无援的境地。

因此，我们在面对问题时，应采取开放包容的心态，认识到事物的多面性，避免走向极端。在处理人际关系时，更需如此，给予他人理解和宽容，同时也为自己留下回旋的余地。这样，我们才能在复杂多变的社会环境中，保持内心的平和。

一天早晨，房东夫人偶然间注意到三个年轻人在她家后院徘徊不定，举止颇为异常，这引起了她的警觉。出于对社区安全的责任感，她迅速报了警。警方迅速赶到，控制了这三个人。经查，这三个人均有前科在身，这次在房东夫人家后院徘徊，是蓄意盗窃。然而，当这三个人被警方带走时，房东夫人意外发现他们竟只是一群尚未成年的孩子，其中最年幼者仅 14 岁。根据现行法律，他们将面临长达 6 个月的监禁处罚，这一事实令房东夫人心存不忍。

于是，她决定向法官提出一个不同寻常的请求："尊敬的法官，我恳请您考虑另一种惩罚方式——让这些孩子帮我干半年活，以此作为对他们行为的惩罚。"法官最终同意了这一请求。

随后的日子里，房东夫人将这三个孩子迎入家中，像对待自己的孩子一样耐心引导他们，不仅教授生活技能，还给他们讲做人的道理。在这半年的时间里，孩子们在房东夫人的悉心照料下茁壮成长，不仅掌握了多种实用技能，体格也变得健壮有力，更重要的是，他们对房东夫人充满了无尽的感激之情。

临别之际，房东夫人语重心长地说："你们应有更大的作为，而不是待在这儿，记住，未来你们要靠自己的实力吃"。

时光荏苒，多年以后，这三个曾经误入歧途的孩子各自取得了非凡的成就：一人创立了自己的工厂，成为企业家；另一人晋升为大型企业的高管；最后一位则投身学术，成为一名受人尊敬的大学教授。每逢春天来临，无论身处何方，他们总会回到那个改变他们命

第六章 打开格局：退让，是为了更好的相遇

运的地方，与那位慈祥的房东老太太聚在一起。

通过这段经历，房东夫人深刻体会到了"得理让三分"的智慧与价值，这不仅让她收获了三位优秀青年的尊敬与爱戴，更让她的人生因此更加丰富多彩。

在人生的旅途中，我们时常会遭遇他人的误解、排挤乃至欺凌，此时，"争气"二字往往成为许多人心中前进的动力。然而，深入思考之下，这种心态是否真有必要呢？试问，一个人的气量究竟能有多大？人生短暂，即便以百年计，亦不过三万六千天，这在历史的长河中不过是弹指一挥间。古人张英曾言："万里长城今犹在，不见当年秦始皇。""千里捎书为堵墙，让他三尺又何妨？"这些古训蕴含着深刻的哲理，它告诫我们，无论权势多么显赫，终将化为尘土。因此，面对纷争与不公，我们或许可以换一种更为豁达的视角来审视。

1. 得理不饶人，往往会将对方逼至绝境，这不仅无助于问题的解决，反而可能激发对方的反抗意志，甚至采取极端手段以求自保。正如将老鼠困于密闭空间，其求生本能将驱使它破坏一切障碍，最终可能对我们自己造成伤害。反之，给予对方一条生路，不仅体现了我们的宽容与大度，也能避免无谓的冲突与损失。

2. 当我们在有理的情况下选择退让，这种高风亮节往往会让对方铭记于心。即使对方不会立即回报，至少也不会再与我们针锋相对。这正是人性的微妙之处——以德报怨，往往能赢得更大的尊重

与信任。

  3. 得理而让人，是一种积累人脉、广结善缘的智慧之举。在茫茫人海中，今日之敌或许就是明日之友，今日之让步或许就是明日之助力。人情世故如波澜起伏，没有永远的敌人，也没有永远的朋友。在困难重重的人生路上，与其狭路相逢勇者胜，不如退一步海阔天空，为他人让出三分便利，也为自己铺设一条更为宽广的道路。

  4."得理让人"并非软弱无能的表现，而是一种高尚的情操和深邃的智慧。它教会我们在面对冲突与不公时，如何保持冷静与理智，如何以更加成熟和包容的心态去处理问题。这样的态度不仅能帮助我们化解眼前的困境，更能为我们赢得长远的尊重与友谊。因此，让我们在人生的旅途中，学会"得理让人"，以一颗宽容的心去面对这个世界吧。

适者生存，不是强者生存

在达尔文的进化论中，提出了一个残酷的理论："物竞天择，适者生存。"这一理论指出，生物必须适应环境的变化，否则将被淘汰。同样地，在人类社会中，我们也需要不断调整自己的行为和思维方式，以适应不断变化的社会环境。如果我们一味地坚持自己的原则和个性，不顾及他人的感受和需求，那么我们很可能会遭受挫折和排挤。毕竟，别人并没有义务要忍受我们的个性。

过去，人们常常认为"人定胜天"，并以此为强者的处世之道。然而，这种观点并不一定正确。天道即自然规律，违背自然规律的行为最终会导致失败甚至毁灭。因此，我们应该尊重自然、顺应自然，而不是试图征服它或改变它。只有这样，我们才能更好地生存和发展。

张斌所在的公司面临裁员的严峻挑战。然而，在张斌看来，这次公司的裁员行动似乎与自己并无太大关联。多年来，作为公司财务部的总监，他凭借深厚的专业知识和卓越的能力，一直受到公司高层的器重和赏识。

然而，现实情况似乎并未如张斌所料那般简单。在宣布裁员的当晚，公司总裁竟亲自致电张斌，邀请他前往家中一叙。这次会面中，总裁向张斌传达了一个令人意外的消息：鉴于当前公司的运营状况，希望他能考虑暂时调任至分公司财务部工作。这一提议被张斌当场婉拒。他坚信自己的能力和才华足以胜任更高级别的职位，且从总公司降至分公司，在他看来无疑是一种身份上的贬低。

张斌与总裁的谈话不欢而散。临别之际，总裁仍诚恳地劝导他："请再深思熟虑一番，几日后再给我答复。"但张斌坚决地回应："不用考虑了，这是不可能的选择。"他心中涌起一股莫名的愤怒，对公司总裁提出这样的要求感到不解和失望。难道多年的辛勤付出和忠诚，就换来如此对待吗？

数日后，公司裁员名单正式公布，同时伴随的是内部机构调整的通知。尽管张斌拒绝了调动提议，但高层最终还是决定将他安排至分公司财务部。面对这一结果，张斌满腹疑惑地找到总裁质询："请您给我一个理由。"总裁站起身来，双手一摊，无奈地说："这是董事会经过深思熟虑后的决定。我建议你先接受这个安排，稍后再做打算……"话未说完，张斌已将调令置于桌上，愤然道："不用了，我今天下午提交辞职信！"

当张斌递交辞职信时，总裁的表情显得颇为沉重："你真的不再

第六章 打开格局：退让，是为了更好的相遇

考虑一下吗？我们共事多年，我个人非常欣赏并信任你的能力，真心不希望失去像你这样优秀的合作伙伴。"尽管语气中透露出挽留之意，但张斌的内心已有所触动——原来自己在高层心中仍有一席之地，只是形势所迫罢了。

"既然如此，"总裁的语气中带着一丝无奈，"今晚请到我家中共进晚餐，让我为你送行吧！"晚宴上，总裁为张斌准备了一场丰盛的宴席。赴宴前，张斌暗自下定决心，无论对方如何劝说，只要话题涉及公司内部调整，他便立即告辞。

出乎意料的是，整个晚宴期间，总裁并未再次提及此事。餐毕，总裁提议："时间尚早，不如我们一起观看一部电影吧，很久没有放松过了。"张斌虽然不明其意，但还是答应了下来。

影片是一部关于白垩纪、侏罗纪时期地球生物的科学纪录片，详细介绍了恐龙、鳄鱼、蜥蜴、变色龙等多种爬行动物的生活习性。对于这部电影的内容，张斌起初并不感兴趣，但既然答应了高层，也只能勉强看完。

随着影片结尾处恐龙灭绝的画面出现，张斌正准备离开之际，总裁突然说了一句意味深长的话："如此强大的恐龙最终走向灭亡，而看似弱小的变色龙却得以延续至今。这正印证了'适者生存'而非'强者生存'的道理啊！"回家的路上，张斌反复咀嚼着这句话，虽然它是针对电影情节而言，但却深深触动了他的心灵——难道自己就是职场中的那只恐龙吗？

不久之后，许多人惊讶地发现张斌改变了初衷，接受了调任分公司财务部的决定。而在总裁那里，仿佛从未收到过任何辞职信一般。张斌带着平和的心态前往新岗位报到，并且全身心地投入工作之中。

半年后，随着公司经营状况逐渐好转，张斌不仅恢复了原来的职务，还因在分公司其间发现并解决了诸多以往未曾注意到的问题，使他的财务管理更加得心应手。如今，在他的办公桌上摆放着一条橡胶制成的变色龙模型，闲暇之余，他总是喜欢静静地把玩这件小物。有人问及原因时，张斌总是微笑着摇头不语。

这个故事告诉我们一个深刻的道理：顺应环境的变化，时候退一步反而能抓住更好的发展机遇；单凭一时冲动与盲目自信，往往难以取得成功。或许听上去有些刺耳，但仔细想想，其中蕴含的智慧却是值得每个人深思的。

第六章 打开格局：退让，是为了更好的相遇

退让，彰显一个人的卓越品格

退让原则作为一种高尚的道德情操，始终受到人们的推崇和尊重。无论是博爱的宽容，还是强者的宽容，只要个体能够具备其中之一，便足以彰显其卓越的人格魅力。

王力是拳击界一位新星，以其迅猛而有力的出拳屡败对手，赢得了无数的荣誉。然而，他的成功并非仅仅建立在拳击技艺之上，更在于他那颗宽容而谦逊的心。

一个周末，王力与朋友相约驾车前往度假胜地，沿途欣赏着美丽的自然风光。然而，就在他们经过一段蜿蜒曲折的山路时，前方一辆小货车突然急刹车停了下来。王力迅速反应，也紧急刹车，险些与前车相撞，好在两车在行驶有一段安全距离，因此避免了事故。

这时，小货车司机下车检查后车厢，确认没有大碍后，竟径直走向王力的车窗，用极其不客气的语气指责道："你会开车吗？我觉得你真是个白痴。你有必要将车开得这么近吗？"面对这突如其来

的指责，王力并没有表现出任何愤怒或不满的情绪，而是耐心地向对方解释，试图平息事态。

然而，小货车司机似乎并不领情，反而变本加厉地侮辱起王力来："我看过你的比赛，你那又蠢又笨的姿态真是可笑透了。"接着又是一阵骂骂咧咧，言辞粗俗。

王力的朋友见状，顿时怒火中烧，准备下车与那粗鲁的家伙理论一番。但王力却阻拦了他，用一种幽默而睿智的方式化解了这场冲突。他说道："假如他侮辱了企业家雷军，你认为雷军会与他一般见识吗？对待这种粗野的人，我们不妨让一让他。"

好一个"让一让"，这便是拳王的风度。在面对无知者的狂妄挑衅时，王力没有选择与之争执不休，而是以"我幸福，我退让"为原则，以平和的心态平息了此事，避免了冲突。这种宽容的心态，不仅体现了他的博大胸怀，也彰显了他的智慧与修养。

事实上，用博大的心去容忍他人的过错是一种博爱的宽容；而用"退让原则"去藐视无知者，则是一种强者的宽容。这两种宽容虽然表现形式不同，但都蕴含着深刻的人生哲理。

博爱的宽容是一种无私的爱的体现。它要求我们在面对他人的过错时能够设身处地地为对方着想，给予理解和包容。这种宽容不仅有助于化解矛盾、促进和谐还能够让我们在心灵深处感受到一种温暖和力量。正如法国文学大师雨果所说："世界上最宽阔的是海洋，比海洋更宽阔的是天空，比天空更宽阔的是人的胸怀。"拥有博爱的

第六章 打开格局：退让，是为了更好的相遇

宽容之心，我们的人生将变得更加宽广和深邃。

强者的宽容则是一种自信和力量的展现。它要求我们在面对无知者的挑衅和攻击时，能够保持冷静和理智，不为对方的情绪所左右。这种宽容不是软弱而是对自身实力的坚定信念和对他人无知的蔑视。正如古罗马哲学家塞涅卡所言："真正的伟大就在于拥有脆弱的凡人的躯体却具有不可战胜的神性。"拥有强者的宽容我们将能够在人生的道路上更加从容不迫、坚定前行。

当然"幸福者退让原则"并非让你一味地忍让，而是在坚持原则的基础上做出明智的选择。当我们遇到不公正的待遇或无理的指责时，我们应该学会用宽容的心态去面对和处理问题而不是盲目地争斗和对抗。有时候退一步我们反而能够赢得更多的尊重和理解。

总之，"幸福者退让原则"是一种智慧的人生态度，它要求我们在面对生活中的各种挑战和困难时能够保持一颗宽容而谦逊的心。无论是博爱的宽容还是强者的宽容，都是我们追求幸福生活的重要法宝。

退让原则的非凡力量

一位频繁遭遇挫折却未能有效自我振作的人,在探寻失败缘由时,往往归咎于社会环境与人生际遇,哀叹时运不济。面对他人的成功与幸福,其内心常怀愤懑,认为这些成就恰好映照出生活对他施加的不公待遇。

乔枫是一位在职场打拼多年的精英,终得以晋升为公司副董事长的职场精英,原本以为随着前任董事长的退休,自己将顺理成章地接掌帅印。他对自己的能力、社交技巧及商业洞察力充满信心,坚信没有任何障碍能够阻挡他实现这一职业愿景。

然而,世事难料,当那一刻真正来临时,他却被一位外来者夺走了董事长的宝座,公司空降了一位董事长。这一突如其来的变故,让乔枫的妻子深感失望与屈辱,她情绪失控,将满腔怒火倾泻在无辜的乔枫身上,仿佛他是这一切不幸的根源。

与妻子的歇斯底里截然不同,乔枫展现出了难能可贵的冷静与克制。尽管他的眼神中透露出明显的伤心、失望与困惑，但他依然鼓足勇气，以平和的心态去面对这一现实。乔枫本就是个性格温和之人，因此他的冷静并不让人感到意外。然而，妻子却不断怂恿他："去和那些家伙理论，然后辞职走人！"

但乔枫并未采纳妻子的建议，反而表达了愿意与新董事长携手合作，倾尽所能为其助力的意愿。尽管这样的决定对任何人来说都绝非易事，但乔枫深知，自己有妻子和孩子要养，不能因为一时的气愤就丢掉眼前的工作，而以他目前的年龄和资历，转投他处并非明智之举。愤愤不平，往往是失败者试图用所谓的不公与偏见来为自己的失败寻找借口，从而求得心理上的慰藉。然而，这种怨恨情绪，作为对失败者的安慰，实则弊大于利，甚至堪比疾病。那些自视甚高却又对他人充满怨恨的人，几乎无法与上司、同事建立和谐的关系。面对同事的轻视或上司对工作失误的批评，他们只会感到更加愤愤不平，陷入恶性循环之中。

因此，面对失败与挫折，保持冷静与理性至关重要。学会从自身寻找原因，积极调整心态，勇于面对现实，才是通往成功的正确道路。

穆尼尔·纳素夫曾指出："让步，在人际交往中拥有非凡的力量。"他认为，理性的让步，不仅能够修复因误解或冲突而受损的关系，还能够像一盏明灯，照亮人们心中因愤怒、怨恨和报复心理而变得阴暗的道路。因此，一个具备理性修养的人，往往能够超越情绪的波动，保持清醒和冷静的心态，面对大事不惊慌失措，处理小事也不轻率急躁，而是以一种稳定、有逻辑、有节制的方式应对各种情况。

让步不仅是理性能力的提升，更是一种生活的艺术。它的力量在于"一忍可以制百勇，一静可以制百动"，通过这种力量，我们能够保持头脑的冷静，理智地分析问题，从而做出正确的决策。

宽容和让步是实现道德理想的基石，它们是心理素质的重要组成部分。具备这些素质的人，无论身处何种境遇，都能够自我控制，理智地处理情感，明智地选择行为，主宰自己的命运。相反，缺乏这些素质的人，往往难以控制自己的情绪，行为随意，情绪波动大，容易受到外界的影响。

在这个快节奏的时代，我们面临各种挑战和压力，学会宽容和让步显得尤为重要。它们不仅能帮助我们在复杂的社会关系中保持平衡，还能让我们在面对困难时保持清晰的头脑，做出明智的选择。因此，我们应该在日常生活中不断培养这些素质，让宽容和让步成为我们性格的一部分，引导我们走向更加美好的未来。

第六章　打开格局：退让，是为了更好的相遇

生活是一门退让的艺术

生活是一门懂得退让的艺术。做人有时候需要弯曲与柔韧。退让不是为了认输，而是一种战胜困难的理智忍让；弯曲不是为了投降，而是一种制造辉煌的聪明让步！做人做事需要留有一点弹性空间，好让自己有回旋的余地，有卷土重来的机会。钻牛角尖、固执地与人争执、一味地强硬，只会让你与身边的人都身心疲惫。遇事留三分余地给他人，或能灵活地拐个弯，常能使彼此都获得更大的生存和发展空间。

在我国黑龙江省，存在一条南北走向的山谷。该山谷的西坡覆盖着松树、柏树以及女贞等多种植被，而东坡则仅见雪松一种树木繁茂生长。长期以来，这一奇特现象背后的原因一直是个谜团，缺乏令人信服的解释，直到一对平凡夫妇通过一次偶然的机会揭开了其中的秘密。

这对夫妇原本处于婚姻破裂的边缘，为了重燃昔日的爱情火花，

他们决定踏上一段寻找浪漫之旅。当旅程带领他们来到这座神秘山谷时，眼前的景象令二人惊叹不已。正值冬季，天空中飘落下片片雪花，很快地面就被一层洁白覆盖。夫妻俩搭建起帐篷，在这片银装素裹的世界里静静地欣赏着自然之美。突然间，他们注意到一个有趣的现象：由于特殊的地理位置导致的气流变化，使东坡上的降雪量明显大于西坡，并且雪质更为紧实厚重。随着时间推移，大量积雪开始堆积在雪松枝头，但令人惊讶的是，这些看似脆弱的生命并没有被压垮。相反地，每当雪层达到一定厚度后，雪松那富有弹性的枝条便会缓缓弯曲直至积雪滑落下来。如此反复多次之后，雪松依然屹立不倒；相比之下，那些不具备同样特性的其他树种如柏树等则因无法承受巨大压力而折断了枝条。而在降雪较少的西坡上，除了雪松外还有松树、柏树及女贞等多种植物共同构成了丰富多彩的生态系统。

观察到这一切后，妻子不禁向丈夫分享了自己的感悟："我想东坡曾经肯定也生长过各种各样的树木吧？只不过它们不懂得如何适时低头避让，最终才被大雪摧毁。"听到这里，丈夫深以为然地点了点头，并补充道："其实这跟我们日常生活中处理问题的方式何其相似啊！无论是夫妻间相处还是个人事业发展过程中遇到困难时，都需要我们学会灵活变通、适当妥协。"

确实如此，在任何关系或情境下，只要一方能够主动做出让步，往往就能使局面得到缓解甚至转危为安。对于正在经历挑战的人们

第六章 打开格局：退让，是为了更好的相遇

来说，不妨借鉴自然界中智慧生物的生存策略——面对外界施加的压力时保持柔韧性与适应性，这样才能更好地应对生活中可能出现的各种挑战。

1504年，意大利杰出的艺术家米开朗基罗以大理石为材料，成功创作了著名的"大卫像"。这座雕像不仅被广泛认为是他最卓越的雕塑作品之一，同时也被视为古典艺术的典范之作。然而，鲜为人知的是，在这件杰作刚刚完成之际，负责监督该项目的官员对其表达了不满。

面对这位眉头紧锁、显然有所保留的官员，米开朗基罗礼貌地询问道："请问您觉得哪里存在问题？"

官员回答道："我觉得鼻子部分过大。"

听闻此言后，米开朗基罗并未立即反驳或辩解，而是表现出一种开放的态度。"真的吗？让我仔细看看。"他边说边仔细观察起雕像来，随后似乎恍然大悟般地叫道："哎呀！您说得对极了，确实有些偏大了。我马上进行修正。"说完便迅速拿起工具攀上了四米高的工作台，开始了他的"调整"工作。随着凿子与石头之间碰撞发出清脆声响，细小的石屑纷纷扬扬落下，迫使站在一旁观看的官员不得不后退几步以免被溅到。

经过一番看似认真的努力之后，米开朗基罗终于完成了所谓的修改，并满头大汗地从高处缓缓爬下。"现在请您再检查一下吧！"他对官员说道，"这次应该符合您的要求了吧？"

209

官员再次审视了一番雕像后，脸上露出了满意的笑容："非常好！正是我所期待的样子！"

然而，当官员离开现场之后，米开朗基罗却急忙前往洗手池清洗双手。原来，在整个过程中，他只是巧妙地利用手中握着的一小块大理石碎片和一些石粉假装进行了修饰——实际上并没有真正改变雕像原有的形态与尺寸。

试想一下，如果当时米开朗基罗选择了直接与官员争论不休或者坚持己见拒绝妥协的话，结果可能会截然不同。一方面，固执己见可能会导致双方关系紧张甚至破裂；另一方面，即使最终能够说服对方接受自己的观点，也可能因此失去向公众展示这件艺术品的机会。这样一来，《大卫》或许就无法成为今天我们所熟知并敬仰的经典之作了。

在生活中，无论是处理家庭矛盾还是职场冲突时，适时展现出灵活性和包容心是非常重要的。很多时候，只需要其中一方稍微做出让步就可以化解僵局；而学会合理退让则有助于减少不必要的争执，从而营造更加和谐融洽的人际环境。只有这样，我们才能在各个领域里游刃有余，最终取得令人满意的成就。

图书在版编目（CIP）数据

幸福者退让原则 / 王辉著. -- 南京：江苏凤凰文艺出版社，2025.2. -- ISBN 978-7-5594-9215-9

Ⅰ．B82-49

中国国家版本馆 CIP 数据核字第 2024CW9034 号

幸福者退让原则

王辉 著

责任编辑	项雷达
特约编辑	郭海东　陈思宇
装帧设计	异一设计
责任印制	杨　丹
出版发行	江苏凤凰文艺出版社
	南京市中央路 165 号，邮编：210009
网　　址	http://www.jswenyi.com
印　　刷	北京永顺兴望印刷厂
开　　本	880 毫米 × 1230 毫米　1/32
印　　张	7
字　　数	136 千字
版　　次	2025 年 2 月第 1 版
印　　次	2025 年 2 月第 1 次印刷
书　　号	ISBN 978-7-5594-9215-9
定　　价	42.00 元

江苏凤凰文艺出版社图书凡印刷、装订错误，可向出版社调换，联系电话 025-83280257